生态效应研究

——以山东俚岛海域人工鱼礁区为例

吴忠鑫　著

中国农业出版社
北　京

图书在版编目（CIP）数据

人工鱼礁生态效应研究：以山东俚岛海域人工鱼礁区为例/吴忠鑫著.—北京：中国农业出版社，2021.10

ISBN 978-7-109-28774-7

Ⅰ.①人… Ⅱ.①吴… Ⅲ.①鱼礁—人工方式—生态效应—研究—荣成 Ⅳ.①S953.1

中国版本图书馆 CIP 数据核字（2021）第 192341 号

中国农业出版社出版

地址：北京市朝阳区麦子店街 18 号楼

邮编：100125

责任编辑：王金环

版式设计：杨 婧　　责任校对：沙凯霖

印刷：北京大汉方圆数字文化传媒有限公司

版次：2021 年 10 月第 1 版

印次：2021 年 10 月北京第 1 次印刷

发行：新华书店北京发行所

开本：700mm×1000mm　1/16

印张：9.75

字数：200 千字

定价：58.00 元

前言
FOREWORD

随着人类活动和全球变化影响的不断加剧，全球近海生态环境严重退化，健康海洋与可持续发展成为联合国《2030年可持续发展议程》的重要议题。海洋牧场是基于生态学原理，充分利用自然生产力，运用现代工程技术和管理模式，通过生境修复和人工增殖，在适宜海域构建的兼具环境保护、资源养护和渔业持续产出功能的生态系统。海洋牧场作为落实生态文明建设任务推动渔业绿色高质量发展的重要抓手，近年来在我国得到迅速发展，而人工鱼礁建设是实现海洋牧场高质量发展的重要途径。为此，开展人工鱼礁生态效应研究，对于夯实海洋牧场理论与应用基础具有重要意义，有利于推动和完善我国近海生物资源养护工作。

自20世纪70年代起，我国渔业管理部门开始考虑通过改善栖息地来修复渔业资源。1979—1987年，我国开始在沿海试验人工鱼礁项目。到21世纪初期，政府开始大规模投资建设人工鱼礁，而围绕我国近海人工鱼礁生态效应的相关研究也与日俱增，研究内容以建礁后生态效果的观测分析为主，而对于人工鱼礁生态效应机理研究却相对较少。

自2009年以来，在国家海洋公益性行业科研专项（200805069）和公益性行业（农业）科研专项（200903005）等项目的资助支持下，作者以我国山东俚岛海域的人工鱼礁区为例，通过长时间序列的观测，以建礁后3～7年（2009年至2013年）的生物资源和环境跟踪调查数据为依据，采用多变量统计分析、稳定同位素技术、功能多样性分析、生态系统模型等国际同领域先进的研究方法，解析了人工鱼礁区附着大型底栖藻类、底层鱼类和大型无脊椎动物群落结构的时空变动规律及其影响因子，分析了支持礁区消费者生产的基础碳来源，并估算了其相对贡献度，阐明了基础碳源在人工鱼礁区次级生产中的生态作用；同时，开展了礁区三种优势岩礁性鱼类的胃含物和稳定同位素分析，查明了三种优势鱼类的饵料组成及其营养生态位分化关系。另外，作者还对礁区鱼类功能多样性进行了分析，从鱼类生物性状特征及其时空变化规律角度，阐明了人工鱼礁增殖诱集鱼类的功能性依据。在此基础上，作者构建了人工鱼礁生态系统 Ecopath 和 Ecosim 模型，评价了俚岛人工鱼礁生态系统的结构和功能，并对该系统的增殖目标种的生态容纳量进行了评估，对鱼礁区的捕捞和管理进行了情景模拟和分析。基于上述研究成果，作者进一步整理汇总，形成了本专著的主要内容，旨在推动我国人工鱼礁基础和应用基础研究发展，为我国海洋牧场的可持续发展和基于生态系统的近岸水域资源养护提供理论支持，为同行业研究人员提供资料参考。

本书得到国家重点研发计划项目“现代化海洋牧场高质量发展与生态安全保障技术”课题“海洋牧场资源动态预测与可持续利用模式”（课题编号：2019YFD0901304）以及国家自然科学基金项目“海藻碎屑补贴对典型岛礁海域大型底栖动物群落结构的影响研究”（课题编号：41906125）的资助。

由于作者水平有限，书中难免有错误和不妥之处，敬请读者批评指正。

吴忠鑫

2021 年 8 月

目录
CONTENTS

第一章
人工鱼礁及其生态效应

第一节　人工鱼礁的定义、作用与分类

一、人工鱼礁的定义

人工鱼礁（artificial reef）这一名词术语在渔业界已被大家所熟知，但是关于人工鱼礁概念的阐释，不同的国家或地区、不同的时期和不同的作者其表述方式略有不同。我国学者雷宗友（1979）将人工鱼礁描述为鱼类的“家”，即“人们把各种各样的东西，如水泥块、石头、木箱、废木船、废汽车、旧轮船，甚至旧火炉、废发动机、废电冰箱等投往海洋里，为鱼儿提供一个固定的‘家’，这个‘家’科学上叫作人工鱼礁”。日本水产专家中村充博士（1986）认为“人工鱼礁是根据鱼类等水生动物喜欢聚集于沉船与礁石等物体的生活习性，设置于预定海域，以达到增加水产动物渔获量、提高作业效率和保护繁育渔业资源的一种渔业设施”。美国学者 Seaman（2000）认为“人工鱼礁是指由一个或多个自然或人造物体组成，并被有目的地设置于海底，用来改变海洋生物资源与环境，进而促进社会经济发展的人工设施”。我国邵广昭教授（1989）认为“人工鱼礁就是将人造或天然物体放置于海中，通过改变海洋环境，为水生动、植物供给良好的栖息场所，达到繁育资源与提高渔业产量的目的”；陈勇（2002）认为“人工鱼礁是用于改善海域生态环境，建设渔场和增养殖场的人工设施”；杨吝（2005）认为“人工鱼礁是人们为了诱集并捕捞鱼类，保护与增殖鱼类等水产资源，改善水域环境，进行休闲渔业活动等而有意识地设置于预定水域的构造物”。综上所述，笔者认为，人工鱼礁是人为设置在水域中的构造物，可以为水生生物提供生长、繁殖、索饵等场所，并改善水生生物栖息环境，从而达到保护、增殖生物资源和提高渔获量的目的。

二、人工鱼礁的作用

人工鱼礁设置于海中，可以改变海洋生态环境，诱集鱼类前来索饵、产卵，同时也为鱼类提供避敌和栖息的场所。人工鱼礁建设既是保护、增殖海洋

渔业资源的重要手段，也是改善、修复整个海洋生态环境的一项基础工程，还能带动滨海旅游等相关产业的发展。各国学者依据本国人工鱼礁建设的实际情况以及对人工鱼礁的理解，对人工鱼礁作用的阐述也有所不同，归纳出人工鱼礁的作用如下（尹增强，2016）：

美国学者 Seaman（2000）认为，鱼礁在海洋环境中的作用主要包括 13 个方面：①提高手工渔业的产出；②提高商业渔业的产出；③作为水产养殖场所，④增加钩钓和使用鱼叉的娱乐性渔业；⑤作为娱乐性潜水场所；⑥作为海洋旅游场所；⑦控制渔业生物死亡率；⑧操纵生物体的生活史；⑨保护栖息地；⑩保护生物多样性；⑪减缓栖息地的破坏和流失；⑫修复或提高水质和栖息地环境；⑬科研。如果把非生态用途建筑物（如防浪堤、海岸防波堤等）也作为鱼礁的组成部分的情况下，鱼礁作用还包括海岸保护、海港稳固、提供休闲场所等作用。

美国学者 Mark（2006）指出，成功的人工鱼礁项目依赖于合理选择设置地点和礁体材料。当与天然鱼礁及其周围的海洋生物的种类、年龄、生活行为相似时，人工鱼礁的作用可能包括 8 个方面：①保护渔业资源，便于渔业管理；②通过负责任的鱼礁投放，有效避免渔业栖息地和渔业资源的负面因素；③降低海洋资源利用者间的矛盾；④作为渔业管理的工具；⑤增殖渔业资源，修复栖息地；⑥科研；⑦增加商业渔业和游钓渔业的作业场所；⑧提高公众游钓意识，保障渔民安全。

我国学者杨吝等（2005）在对人工鱼礁分类中提到人工鱼礁功能或目的有 5 个方面：①作为水产养殖场所；②保护幼鱼；③增殖水产资源，改善鱼类种群结构；④提高渔获量；⑤提供垂钓等娱乐活动场所等作用。此外，人工鱼礁具有 7 个方面的社会效益：①改善海洋环境；②增殖和保护鱼类资源；③有助于禁渔发挥真正禁渔作用；④有利于渔民转产转业；⑤兴旺沿海旅游业；⑥解决废弃物处理问题；⑦提高全社会的生态保护意识，这实际上也可以归为鱼礁的作用。

三、人工鱼礁的分类

人工鱼礁的种类不同，其发挥的作用也有所不同，管理方式也有所差异，所产生的效果一般也不同。不同的学者，在不同分类方式下，对鱼礁的分类也不同。

陈勇等（2002）将鱼礁划分为以下类别：①按用途可分为诱集鱼礁、增殖鱼礁、幼鱼保护礁、产卵礁和藻礁等；②按材料可分为玻璃钢鱼礁、钢筋混凝土鱼礁、钢制鱼礁、木制鱼礁、竹制鱼礁和废弃物鱼礁等；③按设置位置可分为浮鱼礁、中层鱼礁和底置鱼礁等。杨吝等（2005）在《我国人工鱼礁种类的划分方法》一文中将鱼礁划分为以下类别：①按适宜投礁水深范围划分为浅海养殖鱼礁，近海增殖、保护幼鱼与渔获型鱼礁，外海增殖与渔获型鱼礁3类；②按建礁目的或鱼礁功能划分为养殖型鱼礁、幼鱼保护型鱼礁、增殖型鱼礁、渔获型鱼礁、浮式鱼礁和游钓型鱼礁6类；③按制礁材料划分为混凝土鱼礁、钢材鱼礁、木竹鱼礁、塑料鱼礁、轮胎礁体、石料鱼礁、矿石鱼礁、砖瓦鱼礁、煤灰鱼礁9类，其中前6类为常用材料鱼礁；④按鱼礁结构和形状划分为箱形鱼礁、方形鱼礁、“十”字形鱼礁、三角形鱼礁、圆台形鱼礁、框架形鱼礁、梯形鱼礁、塔形鱼礁、船形鱼礁、半球形鱼礁、星形鱼礁、组合形鱼礁等。

李文涛和张秀梅（2003）根据人工鱼礁的功能，将鱼礁分成生态保护型、渔业开发型和休闲渔业型等种类。①生态保护型鱼礁主要从保护修复海洋生态环境，恢复增殖海洋渔业生物资源出发，尤其设置于幼鱼集中区域，从而为当地衰退的海洋渔业资源提供较合适的栖息环境和庇护场所，该类型鱼礁一般由政府投资，并由政府进行科学管理。②渔业开发型鱼礁一般在适宜的区域投放鱼礁，吸引增殖鱼类以形成人工鱼礁渔场，并且便于一定种类的渔具进行捕捞作业。该类型鱼礁的建设与生态保护型鱼礁相同，一般采取政府直接投资或渔业行政主管部门从渔业资源增殖保护费中拿出部分资金来投资建设。③休闲渔业型鱼礁主要是通过建造鱼礁，为人们提供休闲游钓或潜水娱乐的场所。该类型鱼礁的建设一般采取“谁投资谁受益”的原则。

林光纪（2005）以现代公共物品经济学理论将人工鱼礁物品划分为公共性人工鱼礁、私人性人工鱼礁、俱乐部性人工鱼礁和拥挤性人工鱼礁4类。①公共物品类人工鱼礁。主要功能为保护渔业生产、养护资源和修复渔业环境。其特性为：投资由政府或团体公共资金投入，表现为间接效益，更多体现生态效益与社会效益；禁止任何企业直接开发利用，但其功能效果属于全体成员（包括企业）；按公益物品进行规划处理。②私人人工鱼礁。指为企业所拥有，以生产和收益为目的的鱼礁。特征为：投资由企业投入，非公共物品；企业依法律或政策将鱼礁用于商品生产和服务生产，实现盈利目的。③俱乐部人工鱼礁。为竞争性较弱而排他性较强的鱼礁。一般为科研单位、地方集体以及垂钓俱乐部等团体投资并拥有和使用。特征为：投资主体一般为由政府授权的俱乐部、团体或集体等；俱乐部控制或制造产品短缺来实现其俱乐部性质。④拥挤性人工鱼礁。是指具有非排他性，但达到一定量使用水平之后出现强的竞争性的鱼礁。拥挤性人工鱼礁的特征为：存在拥挤点（point of congestion），在拥挤点之前消费的边际成本为0，超过拥挤点后增加一个消费，其边际成本大于0；拥挤性人工鱼礁具有最佳开发利用点，该点常常就是拥挤点。

广东省海洋与渔业局（2007）将鱼礁按照功能分为生态公益型人工鱼礁、

准生态公益型人工鱼礁、开放型人工鱼礁。①生态公益型人工鱼礁：投放在海洋自然保护区或者重要渔业水域，用于提高渔业资源保护效果。生态公益型人工鱼礁区内不得从事渔业生产开发利用活动。②准生态公益型人工鱼礁：投放在重点渔场，用于提高渔获量。准生态公益型人工鱼礁区由县级以上海洋与渔业行政主管部门根据礁区的资源状况，合理安排开发利用活动，并优先照顾相邻陆域的捕捞渔民进入礁区生产，但准生态公益型人工鱼礁区内不得从事拖网、围网、刺网作业。③开放型人工鱼礁：投放在适宜发展休闲渔业的沿岸渔业水域，用于发展游钓业，但严禁在开放型人工鱼礁区从事捕捞生产活动。

综上所述，可将鱼礁分为增殖渔获型、休闲游钓型和资源保护型 3 大类。①增殖渔获型鱼礁是指鱼礁建礁目标为增殖和诱集水产动物从而提高渔业产量。根据投资主体和经营方式，将其分为私人或私营公司建造经营的鱼礁和政府或政府签约企业建造经营的鱼礁。私人或私营公司建造经营的鱼礁：主要设置在沿岸浅水增养殖区域，实行“谁投资谁受益”的管理方法（如辽宁等地的部分海参增殖礁）。政府或政府签约企业建造经营的鱼礁：主要设置在较深的公共水域。该类型鱼礁的目的是增殖或诱集水产资源，提高渔获量，一般由政府直接投资或渔业行政主管部门从渔业资源增殖保护费中拿出部分资金来投资建设（如广东省建设的准生态公益型鱼礁）。②休闲游钓型鱼礁。一般设置为休闲游钓、海上观光或潜水娱乐的场所，其管理方式一般由政府授权给企业开发经营，鱼礁区内不得从事捕捞生产活动。③资源保护型鱼礁。投放在海洋自然保护区或者重要渔业水域，用于提高渔业资源保护效果。该类鱼礁由政府有关部门投资，并由政府有关部门进行科学管理（尹增强，2016）。

第二节　人工鱼礁生态效应

人工鱼礁建设可以在局部海域形成特有的生态系统。具有一定结构设计和配置的人工鱼礁投放后，一定程度上改变了周边水文、海流等状况，使非生物环境发生变化，这种变化又引起了生物环境的变化，具有一定的生态效应。

一、非生物环境的变化

人工鱼礁对海洋生态环境的改善主要是从鱼礁投放后对局部水域流场环境的作用开始的，而流场变化深刻影响着鱼礁的物理环境功能及生态效应的发挥，是引起生物环境变化的关键要素。

人工鱼礁投放后，由于鱼礁对水流的阻碍作用，使周围水体的压力场出现变化，流态发生改变，流场重新分布并形成新的流场，鱼礁对其周围以及内部的流速流态直接产生影响，由于鱼礁的外部形状及内部构造不同，其影响程度也有区别。通常除碎浪带外，沿岸海域水体的垂向运动相对于水平运动而言往往可以忽略，如果在潮流主流轴方向上投放人工鱼礁，在礁体上部会生成很强的局部上升流，其量值可以与水平流相当，从而促进表底层水体交换，通过这种水体的垂直交换功能，上升流不断将底层及近底层低温、高盐富营养的海水涌升至表层，加快营养物质循环速度，提高海域的基础饵料水平，使礁区成为鱼类的聚集地。而礁体与主要水平径流的相互作用往往会在礁体后面形成一个背涡流区，背涡流区因其相对静止的环境可为某些鱼类提供庇护，而且在此处可观察到明显的有机质和营养盐的沉积现象。另有研究表明，当礁体厚度或宽度与鱼礁周围流速的乘积超过 100 cm^2/s 时，漩涡将从礁体旁边消失，某些鱼类将被吸引到礁后的背涡流区中，这将为很多鱼类提供庇护场所、索饵场、繁殖场、栖息地或暂栖地。

鱼礁的设置，除对礁体周围以及内部的流速、流态产生影响外，也会诱发周围光、味、音环境的变化。在光线到达的范围内，鱼礁的周围形成光学阴影，随着光照度的增强，在水中形成暗区，暗区的大小与鱼礁的大小成正比。另外，鱼礁受到流的冲击会产生固有振动，附着在鱼礁上的生物以及聚集在周围的生物的发声，可传到离礁几百米远的地方。投礁后，由于礁体周围水动力条件发生变化，沉积物重新分布，引起局部区域底质结构的改变。礁体底部流速较快区域的细沙土被移出，使礁体周围的底质变粗。

二、生物环境的变化

人工鱼礁投放后对生物环境的影响对象主要包括浮游生物、礁体表面的附着生物和鱼礁周边沉积物中的底栖生物以及游泳生物等。人工鱼礁投放后形成的上升流，将海底深层的营养盐类带到光照充足的上层，促进了浮游植物的繁殖，提高了海域初级生产力，鱼礁的内部和后方聚集着许多浮游动物，其中桡足类主要分布在礁后面，糠虾类则多分布在礁内部。桡足类在流速快的时候，集中于礁后的流影处，流速慢的时候活跃在礁体的后方。

人工鱼礁本身作为一种附着基质，随着时间的推移，礁体附着生物的种类和数量会发生演替变化，一些藻类、贝类等附着生物在鱼礁表面定殖，礁体上附着的海藻会消耗氮、磷等营养盐，同时光合作用吸收二氧化碳，释放氧气；附着的贝类则通过滤食消耗大量浮游植物和碎屑，净化水质，改善海域生态环境，减少赤潮等海洋生态灾害的发生。另外一些礁体“工程型生物”如牡蛎、贻贝等构建的生物二级栖息地会产生许多微生境，增加了空间异质性，这些附着生物本身或其产生的微生境中许多小型生物也是礁区捕食者的重要饵料，是人工鱼礁增殖和诱集鱼类的重要生物环境因子。

另外，人工鱼礁加速了水体中有机物的沉降，动植物死亡后不断产生的有机碎屑通过生物或化学降解进入沉积物中，促进底栖生物的活力增强，形成的边缘效应可能增加了人工鱼礁区邻近区域底栖生物的栖息密度。礁体邻近的沉积物中包含底栖微藻及底内生物（如沙蚕、穴居贝类等），这些生物通常扮演着高营养级饵料来源的角色，是人工鱼礁发挥渔业资源养护作用的重要生物环境因子。

人工鱼礁的生态效应主要体现在对渔业资源的诱集和增殖效果上。鱼礁和海域的流、光等物理要素的相互作用，对生物行为产生较大的影响。鱼礁的多洞穴结构和投放后所形成的流、光、音、味以及生物的新环境，为各种不同的鱼类提供了索饵、避害、产卵、栖息场所，因而起到诱集和增殖鱼类的效果。

第三节　人工鱼礁生态效应研究进展

一、浮游生物

浮游生物属于水域食物网的基础营养阶层，虽然个体较小，但在水域生态系统的物质循环和能量流动中具有不可替代的作用。其中，鱼卵和仔稚鱼作为浮游动物的重要组成部分，其存活率和数量是鱼类资源补充和渔业资源可持续利用的基础，更是直接关系到鱼类资源的种群补充能力。因此，关于浮游生物群落的研究是人工鱼礁建设效果评价的重要方面。

Jeong 等（2013）调查了韩国 Maemuldo 和 Gukdo 岛海域人工上升流结构所引起的浮游植物和浮游动物现存量、物种组成和生态指数的变化，结果表明 2009 年人工上升流结构完成时浮游植物和浮游动物的现存量分别比 2005 年人工上升流结构安装时增加了 50 倍和 2.3 倍。国内方面，陈应华等（2008）根据投礁前、后大亚湾大辣甲南人工鱼礁海域浮游植物垂直拖网调查结果，初步分析了大亚湾人工鱼礁区浮游植物的群落特征。结果表明，投礁后浮游植物的平均丰度呈逐年递增趋势，礁区内的平均丰度明显高于同期对照海区；浮游植物的多样性指数和均匀度都比投礁前有了明显增加。雷安平等（2009）对大亚湾人工鱼礁区浮游植物种类组成和数量分布进行了分析，同样证实了人工鱼礁区的藻类数量和叶绿素含量均高于对照区。陈涛等（2013）对象山港人工鱼礁区及其邻近海域的浮游动物及主要环境因子调查分析表明，鱼礁区与对照区相比，浮游动物生物量无显著性差异。刘长东等（2016）研究了荣成俚岛人工鱼礁区及其对照区浮游植物的群落结构，结果表明，尽管浮游植物优势种存在明显的季节更替现象，但鱼礁区与对照区的优势种相同。王亮根等（2018）对大亚湾人工鱼礁区和中央列岛岛礁区浮游动物的种类组成和优势种变动调查分析表明，鱼礁区和岛礁区浮游动物种丰富度指数、生物多样性阈值、栖息密度和生物量年均值相近，浮游动物数量存在明显的季节性差异。上述研究总体说明，投放人工鱼礁有助于改善海域生态环境并提高水域的初级生产力水平。

在人工鱼礁对鱼类浮游生物的影响研究方面，高东奎等（2014）对山东莱州海域和招远海域人工鱼礁区及其附近海域鱼卵和仔稚鱼的种类组成和数量分布进行了调查分析，结果表明人工鱼礁区鱼类浮游生物群落的多样性相对较高，但多为低级小型鱼种，人工鱼礁对近海生物资源养护和修复效果需进行长期的监测与评价。另外，郭书新等（2017）对青岛崂山青山湾海域人工鱼礁区及附近海域鱼卵和仔稚鱼的种类组成和数量分布的调查结果表明，人工鱼礁区的鱼类浮游生物丰富度水平明显高于周边对照区域。印瑞等（2019）评价了马鞍列岛海洋牧场人工鱼礁投放对鱼卵、仔稚鱼的影响，结果表明投礁区和未投礁区鱼卵和仔稚鱼的优势种组成基本一致，但是群落结构差异显著，投礁区各个季节的多样性指数、丰富度指数及均匀度指数均高于未投礁区且差异显著，说明人工鱼礁的投放对鱼卵、仔稚鱼具有一定的聚集和庇护作用。

总体来说，人工鱼礁区浮游生物及鱼卵和仔稚鱼多样性与非礁区相似或显著高于后者，甚至在人工鱼礁区形成不同于非礁区的生物类群，但人工鱼礁的生态效应与投礁周期、地点及规模有关，因此，部分学者的短期研究并未揭示人工鱼礁对浮游生物群落的增益作用（江志兵等，2012）。

二、底栖生物

人工鱼礁生境中的底栖生物包括栖息于礁体基质表面或邻近沉积物中的生物，定居于基质表面的附着生物主要包括海藻、海草及附着生物（如海星、贻贝等），而沉积物中主要包括底内生物（如沙蚕、穴居贝类等）。附着生物的种类组成、数量变动直接影响人工鱼礁的生态效应。倪正泉等（1988）早在20世纪80年代在福建省东山县铜山湾人工鱼礁区便开展了附着生物的调查研究，分别于鱼礁投放后的0.5年、1年、1.2年、1.5年和1.7年调查礁体附着生物状况，分析结果表明随着礁体在水域中时间的延长，附着生物的量与种类也随之增加，但优势种群仍然是甲壳动物和软体动物。李传燕等（1991）对大亚湾人工鱼礁附着生物的研究指出，礁区附着生物投礁半年后即实现100%的覆盖度，约82.7%的生物种类是鱼礁区鱼虾的饵料生物。李勇等（2013）在珠江口竹洲的调查发现，投礁12个月后，人工鱼礁与附近自然礁附着生物物种组成和种类数差异明显减小。人工鱼礁附着生物群落演替过程中可以改变礁体的空间结构，空间异质性提高（Rooker等，1997；李勇等，2013），使鱼礁上的附着生物群落逐步向自然礁附着生物群落的方向发展（Aseltine - Neilson等，1999；Thanner等，2006）。

影响人工鱼礁附着生物时空变化的主要环境因子及其他因素，包括温度、盐度、水深、透明度、潮流、营养盐等水体理化环境因子，以及礁体材料、投放时间和投放区域（张伟等，2008）。Menon 等（1971）研究指出，温度、盐度是决定附着生物分布的重要外界环境因子，与其生长、发育和附着季节紧密相关。Callow（1984）研究表明，附着生物的季节变化反映了其种类的温度属性。安永义幅等（1989）研究表明，在透明度高、底质较粗、流速较快的鱼礁投放区域，附着生物的着生量较大。黄梓荣等（2006）在珠江口东澳岛人工鱼礁试验示范礁区比较了不同人工鱼礁试验材料的生物附着效果，发现混凝土板、木板、铁板和塑料板的生物附着效果较好；同种材料中，表面粗糙的混凝土板、涂有红丹防锈漆的木板、涂有绿漆的铁板和灰色塑料板的附着效果最好。张伟等（2009）通过对深圳大亚湾人工鱼礁区 7 个月挂板实验的研究表明，深度、透明度、溶解氧是影响附着生物群落变化的最主要环境因子。Kakimoto 等（1978）和 Moura 等（2007）指出，一般情况下，鱼礁上表面及侧面上部因光照度较强而着生量大，水深较浅的水域着生量也较大。詹启鹏等（2021）在莱州湾芙蓉岛海域，通过选用玄武岩纤维、普通硅酸盐水泥、40%贝壳粉硅酸盐水泥和 80%贝壳粉硅酸盐水泥 4 种礁体材料进行海上挂板试验，探究了不同材质人工鱼礁的生物附着效果。研究结果表明，添加贝壳粉的硅酸盐水泥挂板生物附着效果较好，优于普通硅酸盐水泥，适宜作为芙蓉岛海域海洋牧场人工鱼礁的礁体材料，而表面光滑的玄武岩纤维挂板生物附着效果较差。

大型底栖动物不仅是鱼类等更高级消费者重要的食物来源，也是生境变化的重要指示者，因此它们在评价人工鱼礁的资源和环境修复效果中发挥重要的作用。相比于其他生物类群，目前对人工鱼礁生态系统中大型底栖动物影响的研究报道较少。徐勤增等（2013）对山东荣成俚岛湾牡蛎壳人工增殖礁礁区与毗连非礁区底质中多毛纲动物群落结构进行对比研究，结果表明，礁区同非礁区多毛纲动物群落结构差异不显著，推测可能与牡蛎壳人工礁单体体积较小、对近底层水体及底质理化环境的影响较小有关，牡蛎壳人工礁在较小时间尺度内（1～2 年）对底栖环境无显著影响。廖一波等（2014）在 2010 年对象山港人工鱼礁生境中的大型底栖生物群落结构的研究表明，象山港白石山群岛海域人工鱼礁的投放对大型底栖动物群落结构影响显著，但影响范围局限于人工鱼礁区附近。任彬彬等（2015）研究了莱州湾金城海域人工鱼礁对大型底栖动物的影响，鱼礁区大型底栖动物生物量和丰度在第二年明显高于第一年，且种类数、生物量和丰度均高于对照区。

总体来说，目前关于人工鱼礁对邻近区域大型底栖动物的研究表明，人工鱼礁对大型底栖动物的影响存在时间和空间尺度的差异，礁体类型对于人工鱼礁周边底栖生物的影响差异较大。

三、鱼类和大型无脊椎动物

鱼类和大型无脊椎动物是人工鱼礁增殖和诱集的主要对象，同时也是人工鱼礁区的重要渔业对象，国内外针对人工鱼礁区对鱼类和大型无脊椎动物的影响开展了大量的研究。Polovina 等（1989）对日本 Shimamaki 海域两个不同规模人工鱼礁区（8 645 m^3 和 40 766 m^3）投礁前后的监测发现，每 1 000 m^3 的鱼礁区内章鱼的捕捞量增加了 4%。Pondella 等（2002）在美国加利福尼亚对两种岩礁性鱼类连续 24 年的跟踪研究发现，人工鱼礁区内两种鱼类的生物量均高于邻近的自然礁区。Brown 等（2014）评价了墨西哥湾北部河口区东方牡蛎（*Crassostrea virginic*）所构筑的人工牡蛎礁的栖息地功能，通过比较人工礁和自然礁游泳动物和底栖动物群落的丰度、多样性和物种组成等参数，发现人工礁为游泳动物和底栖动物群落提供了与自然礁相似的栖息地功能。Granneman 等（2014）对人工鱼礁和自然礁共同出现的鱼类的摄食状况、生长和繁殖特性的比较研究表明，人工鱼礁区和自然礁区的鱼类有同样的生态习性。此外，Granneman 等（2015）通过定量人工鱼礁区鱼类的丰富度、密度和种群结构等参数，研究了人工鱼礁如何模拟自然礁的鱼类群落结构，结果表明如果人工鱼礁能很好地模拟自然礁的物理特性，人工鱼礁便可支持与自然礁相似的鱼类群落。Folpp 等（2020）采用远程水下视频技术调查了澳大利亚东南沿海拥有少量自然礁的河口在投放人工鱼礁后鱼类丰度的变化。调查结果表明，人工鱼礁投放两年后，人工鱼礁和自然礁上的鲷科鱼类丰度均有所增加；同时，人工鱼礁区的鱼类总丰度增加，而自然礁区没有变化。研究结果证实，人工鱼礁区的鱼类并不是从附近自然礁中诱集而至，而很可能是在河口投放人工鱼礁后新“产生”的，新投放的人工鱼礁可以通过在河口区提供庇护所来增加这些鱼类的承载力。

国内学者针对人工鱼礁对鱼类和大型无脊椎动物的聚集效果也开展了大量的调查研究。涂忠等（2009）报道了山东荣成俚岛人工鱼礁区的生物资源养护效果，结果表明人工鱼礁建设对游泳生物的诱集和养护效果显著。汪振华等（2010）调查表明，浙江三横山人工鱼礁区及其延伸区对生物资源产生了良好的诱集作用。陈应华等（2007）对大亚湾大辣甲南人工鱼礁区投礁前后的渔业资源状况进行了底拖网调查，分析结果显示投礁后资源种类明显比投礁前丰富，礁区内和对照海区资源的总种类数分别由投礁前的 22 种和 11 种增加到 41 种和 36 种；投礁后各类资源的密度明显比投礁前高，礁区内和对照海区总资源密度分别比投礁前增加了 21.22 倍和 27.44 倍；投礁后礁区内和对照海区渔业资源的优势类群和主要优势种也发生了明显变化，鱼类成为礁区内第一优势类群，黄斑篮子鱼成为第一优势种，人工鱼礁资源养护效果明显。王宏等

(2009) 对广东省汕头市人工鱼礁区的调查情况分析表明，投礁后礁区内生物种类（特别是蟹类）明显增加，总种类数比投礁前增加了 0.78 倍，总资源密度比投礁前增加了 25.63 倍。袁华荣等（2011）对雷州乌石人工鱼礁增殖渔业资源的效果进行了评价，发现人工鱼礁的投放对聚集鱼类和甲壳类有一定的效果。房立晨等（2012）对广东汕尾遮浪角东人工鱼礁区的渔业资源进行了投礁前的本底调查和投礁后的跟踪调查，调查结果表明，建礁后游泳生物的诱集效果明显，生物群落结构得到改善，资源量显著增加，形成了新的人工鱼礁增殖系统。除此之外，在海州湾（孙习武等，2010）、嵊泗（赵静等，2010）和象山港（廖一波等，2014）等海域人工鱼礁区的调查分析中也得到了相似的研究结果。

四、人工鱼礁生态系统结构和功能

食物联系是海洋生态系统结构与功能的基本表达形式，能量通过食物链、食物网转化为各营养层次生物生产力，形成生态系统生物资源产量，并对生态系统的服务和产出及其动态产生影响。因此，食物网及其营养动力学过程是人工鱼礁生态系统研究的重要内容。

目前海洋食物网和摄食生态学研究中，主要的研究方法有胃含物分析法、碳氮稳定同位素分析法和脂肪酸标记等，这些研究方法的应用和普及对人工鱼礁食物网研究有着重要意义。Carrie 等（1993）使用碳、氮、硫 3 种同位素对 5 种岩礁性鱼类进行稳定同位素标记，结果表明这些岩礁性鱼类的摄食网中至少存在两个营养通道，即浮游生物和底栖生物营养通道。Wells 等（2008）使用稳定同位素和胃含物分析技术研究了墨西哥湾不同栖息地类型中红鲷食性的差异，结果表明人工鱼礁保护区外围的红鲷具有更高的 $\delta^{15}N$ 和较低的 $\delta^{34}S$。Mablouké 等（2013）采用胃含物和稳定同位素技术分析了印度洋留尼旺岛人工鱼礁区四带笛鲷（*Lutjanus kasmira*）、宝石大眼鲷（*Priacanthus hamrur*）和脂眼凹肩鲹（*Selar crumenophthalmus*）的食物联系，结果表明三种鱼类的标准体长和 $\delta^{15}N$ 有明显的相关关系，种类间 $\delta^{13}C$ 的差异表明了生态位的分化，是礁区鱼类间降低竞争的一种方式。Daigle 等（2013）使用碳氮稳定同位素技术研究了墨西哥湾远岸油气平台附着大型藻类、附着微藻和平台附近水体浮游植物对平台栖息消费者食源贡献的重要性，研究结果表明，远岸油气平台上栖息的蟹类、钩虾和桡足类等小型移动消费者的主要基础碳源为浮游植物而非平台着生的大型底栖藻类。Cresson 等（2014a）研究证实地中海西北部马赛湾人工鱼礁通过其表面附着的优势滤食性生物将有机物质富集进入人工鱼礁食物网，进而支持了鱼礁生物量的生产。同时，Cresson 等（2014b）结合碳氮稳定同位素技术和胃含物分析技术研究了 23 个物种的营养级和摄食行为，结果表明人工鱼礁区和自然礁区的鱼类食性没有差异，食物网结构也相似，人工鱼礁和自然礁发挥了相同的生态功能。

生态系统模型是研究和描述人工鱼礁生态系统结构与功能的重要方法。Fang（1992）提出了人工鱼礁群落理论模型，该模型将鱼类生产力与浮游植物和底栖表层滤食性动物的密度相联系，以此来评价人工鱼礁的生态功能。Campbell等（2011）构建了包含多鱼种的基于生物个体的模型（individual based model，IBM），模拟预测了鱼礁投放后三种鱼类在50年内的种群动态，包括生长率、死亡率和运动等参数。而在人工鱼礁生态效果评价方面，应用较多的模型为EwE（Ecopath with Ecosim）模型。Pitcher等（2002）使用EwE模型模拟了人工鱼礁在香港海洋保护区投放后对岩礁性鱼类生物量和捕捞量的影响。结果表明，随着人工鱼礁建设面积的加大（3%～62%），岩礁性鱼类的生物量大量增加；在10年模拟期间，每年以3%的速率逐步降低渔业捕捞努力量后，与鱼礁区不进行管护或存在小规模渔业压力状况相比，模拟末期大型底层鱼类贡献的岩礁性鱼类总捕捞量将有3倍的增长，且该策略的长期收益可能更大。该研究建议，在岩礁类渔业资源修复过程中，相对大型的保护区应扮演更积极的角色。另外Shipley（2008）利用EwE模型进行了美国亚拉巴马州人工鱼礁区空间布局策略的研究，模拟了不同人工鱼礁布放策略对鱼类营养作用的影响，结果表明，当两个紧邻的鱼礁单体在辐射面积均小于1 km^2 时，优势种红鲷（*Lutjanus campechanus*）的摄食范围开始重叠，造成其摄食饵料质量有所降低。

第二章 我国北方典型海域——俚岛海域的人工鱼礁建设

第一节　俚岛人工鱼礁区自然环境

一、地理位置

俚岛人工鱼礁项目位于黄海北部的荣成湾海域，具体为南起荣成市俚岛镇马他角，北至俚岛湾东端外遮岛之间海域。荣成湾为半椭圆形的开放型海湾，纵深平均为 3 km，宽 10 km，面积约为 21.6 km^2，海岸线长 13 km；湾口向东南敞开，宽约 8.3 km。荣成湾是黄海、渤海各种鱼虾洄游的必经之路，又是部分鱼虾产卵、繁衍之地，海洋渔业资源十分丰富。

二、自然环境条件

1. 海岸地貌

人工鱼礁所在海域是以沙坝-潟湖为内湾的基岩岬湾海岸，附近岸线稳定，泥沙活动较弱，潮流流速小。

2. 海底底质和地貌

荣成湾海底为水下浅滩，其不同区域的宽度和特征不完全相同，其中部分水下浅滩由各个海湾的湾底和岬角附近的海底组成，浅滩的外缘水深达 20 m，5 m 等深线的区域海底坡度较大，而 5 m 等深线以外的海底坡度较小。5 m 等深线海底底质主要为中沙、细沙，靠近岸边，尤其靠近海蚀沿岸的岸边，有砾沙、粗沙出现。5 m 等深线之外的底质为黏土质粉沙。

除水下浅滩外，海底还存在绕荣成的堆积平原，海底堆积平原从 10 m 等深线开始向北，可超过 40 m 等深线，海底坡度为 1.7×10^{-4}，而东部和南部从 20 m 等深线开始向外海延伸，坡度为 3.0×10^{-4}。海底堆积平原的底质为黏土质粉沙。

三、气候特征

俚岛人工鱼礁海域属暖温带大陆性季风型湿润气候，春季与秋季比较短，冬季与夏季则比较长，年均气温通常在 11～12 ℃。海洋性气候特点突出，具有四季分明、气候温和、冬少严寒、夏无酷暑，以及冬春季多大风，夏季多雾，空气潮湿、降水集中等特点，7 月平均相对湿度可达 94%。

1. 气压

荣成市境内冬季为西伯利亚蒙古高压控制，据资料统计，荣成市累年平均气压 101.13 kPa，冬季气压最高，月平均在 101.90～101.97 kPa；夏季气压最低，月平均为 99.96 kPa，为全年最低月。

2. 气温

荣成市年平均气温为 12.0 ℃左右，气温年较差 24.6 ℃。冬季 1 月气温最低，月平均气温－1.1 ℃，极端最低气温为－15.7 ℃（1971 年 2 月 16 日）。夏季 8 月气温最高，月平均气温 23.5 ℃，极端最高气温为 33.5 ℃（1967 年 8 月 28 日）。

3. 降水

荣成市年平均降水量为 768.0 mm，历年最大降水量为 1 396.8 mm，历年最小降水量为 509.5 mm。降水季节变化明显，6—9 月降水量占全年的 48.0%。冬季降水较少，12 月至翌年 3 月的平均降水量占周年的 8.1%。

4. 风况

荣成市年平均风速 6.7 m/s。冬季风速最大，11 月至翌年 3 月的月平均风速都在 7.4 m/s 以上，1 月平均风速可达 8.2 m/s，2 月为 7.9 m/s。7 月、8 月平均风速较小，分别为 5.1 m/s 和 4.9 m/s。强风向为北向，最大风速 40 m/s，次强风向为西北向和西北偏北向，风速 34 m/s。常风向为北向，频率为 14%。10 月至翌年 2 月多北风，频率在 18%～25%；3 月以西北偏北风为主，4 月和 5 月则以西南偏南风最多，频率分别为 17%和 20%；6 月至 8 月多为南风向，6 月、7 月两个月频率均为 23%。

5. 相对湿度

荣成市年平均相对湿度 74%，6 月至 8 月平均相对湿度为 87%～94%，7 月相对湿度最大。10 月至翌年 2 月，空气较干燥，相对湿度在 63%～66%。

四、主要自然灾害

1. 赤潮

赤潮是水体中浮游生物暴发性繁殖的生态异常现象，是一种海洋灾害。水体富营养化是赤潮发生的物质基础，适宜的赤潮生物“种子”和自然环境（光照、温度、降水等）是赤潮发生的条件。1995 年和 1998 年在荣成湾曾发生过赤潮灾害。

2. 寒潮、霜冻、冰雹、海雾

寒潮多在 11 月至翌年 3 月发生，每次持续 2～7 d，沿海 48 h 内最大降温在 15 ℃内。受寒潮的影响会有 7 级以上偏北大风。荣成市一带所受寒潮的影响，北部要比南部大一些。初霜期约为 11 月，终霜期一般在 3 月。霜冻期各地不一，荣成市石岛一带霜冻期最短，只有 126 d。

山东半岛是海雾多发区。荣成市的成山角年雾日 78 d，居全省之冠，而且四季均有海雾，石岛雾日 53 d。冰雹集中在 5—6 月。

3. 海冰

荣成市海域因地形和水文条件所限，一般不会出现海水结冰。但在特别寒冷的天气里，可能出现薄冰冰情。

4. 风暴潮

强热带风暴对山东省的影响主要在龙口以东至胶南一带，多出现在 7 月中旬至 9 月下旬，受其影响出现大风，80%集中在青岛、石岛、成山角、烟台一带。热带风暴引起大暴雨多出现在 8 月，7 月次之，两月占总数的 88%。暴雨多发地区为山东半岛南北沿海，持续时间平均为 42 h。另外，热带风暴引发的风暴潮对荣成市近海有一定影响，山东半岛东部的风暴潮增水、减水最小。

5. 地震

由于新构造运动引起的地震，在山东省偶有发生。在 495 年至 1973 年间，蓬莱—烟台之间发生过 5 级以上地震 4 次，烟台—威海一带被预测为 5～7 级地震的危险地段，因此荣成市可能受临近地区的影响，也可能直接发生地震。

第二节　海洋水文与环境因子概况

一、环境因子

2010 年俚岛人工鱼礁海域季度环境因子调查结果显示，pH 范围在 7.85～8.12，平均值为 8.02；水温范围在 4.50～24.03 ℃，平均值为 14.95 ℃；盐度范围在 31.341～31.543，平均值为 31.450；溶解氧浓度范围在 7.32～8.50 mg/L，平均值为 7.84 mg/L；化学耗氧量（COD）浓度范围为 0.43～0.46 mg/L，平均值 0.44 mg/L；无机氮浓度范围在 0.019 2～0.033 1 mg/L，平均值为 0.025 5 mg/L；磷酸盐浓度范围在 0.014 8～0.022 2 mg/L，平均值为 0.016 8 mg/L；石油类浓度范围在 0.011 8～0.014 5 mg/L，平均值为 0.012 9 mg/L；铅浓度范围在 0.000 67～0.001 35 mg/L，平均值为 0.000 94 mg/L；铜浓度范围在 0.000 27～0.000 45 mg/L，平均值为 0.000 39 mg/L；悬浮物在 5.71～8.45 mg/L，

平均值为 7.62 mg/L；透明度 3.0～3.2 m，平均值为 3.1 m；叶绿素 a 变化范围为 0.034～0.267 mg/m^3，平均值为 0.148 mg/m^3。

二、潮汐、波浪

荣成市沿海潮汐为不正规半日潮型，平均高潮高为 147 cm，平均低潮高为 57 cm。平均潮差不大，一般大汛潮平均潮差为 1.1 m，最大 1.7 m；小汛期平均潮差为 0.5 m。下半年平均潮差一般是在 0.4 m 左右，最大潮差为 1.4 m。

荣成市海域常浪向为东北向，频率为 13%，次常浪向为东向和南向，频率为 11%，强浪向为东北向，最大波高 8.0 m，次强浪向为东南偏东向和东南偏南向，浪高分别为 7.1 m 和 7.0 m，静浪频率为 47%。受地形等因素的影响，海流比较复杂，近岸多属环岸流，流速较小，一般为 0.15～0.5 m/s；10 m 等深线以外流速较大，一般为 0.8～0.9 m/s，流向为西南—东北向。

第三节　海洋生物资源现状

一、浮游植物

2009 年俚岛人工鱼礁海域浮游植物丰度变化范围为 30.3×10^4～91.9×10^4 个/m^3，平均为 53.39×10^4 个/m^3，丰度最高值出现在夏季 8 月，丰度最低值为冬季 2 月，优势种类为硅藻门的圆筛藻属和根管藻属，以及甲藻门的夜光藻属。丰度季节变化为夏季＞秋季＞春季＞冬季。

2010 年俚岛人工鱼礁海域浮游植物丰度变化范围为 30.1×10^4～81.9×10^4 个/m^3，平均值为 52.51×10^4 个/m^3，与 2009 年浮游植物数量基本持平，优势种未发生变化，为硅藻门的圆筛藻属和根管藻属，以及甲藻门的夜光藻属。

二、浮游动物

2009 年俚岛人工鱼礁海域浮游动物生物量的变化范围为 4.03×10^{-2}～7.29×10^{-2} g/m^2，平均值为 61.32 g/m^2，优势种为哲水蚤属和箭虫属，生物量季节排序为夏季＞秋季＞春季＞冬季。2010 年浮游动物生物量变化范围为 3.56×10^{-2}～8.12×10^{-2} g/m^2，平均值为 5.462×10^{-2} g/m^2，优势种为哲水蚤属和箭虫属，生物量季节排序为夏季＞秋季＞冬季＞春季。

三、大型底栖藻类和海草

2010 年俚岛人工鱼礁海域共采集到 3 门 13 种大型底栖藻类，其中绿藻门 3 种，红藻门 6 种，褐藻门 4 种。主要的大型底栖藻类包括海带、裙带菜、石花菜、江蓠、海黍子、羊栖菜、孔石莼、铜藻等，其中海带、裙带菜、紫菜、石花菜是主要的经济海藻。

大型底栖藻类生物量范围为 43.04～309.62 g/m^2，生物量均值为 121.389 g/m^2。俚岛人工鱼礁海域海带生物量最大，海带生物量占大型底栖藻类重量组成的 32.6%；其次是海黍子，占生物量组成的 20.2%；羽藻、鸡毛菜、三叉仙菜、繁枝蜈蚣藻的生物量均比较低，仅占总体生物量的 1.27%（张磊，2012）。

据报道，俚岛人工鱼礁海域有记录的海草种类有 4 种，分别为鳗草属的鳗草、丛生鳗草以及虾形草属的红纤维虾形草和黑纤维虾形草。鳗草的生物量最高，达到 808.995 g/m^2，红纤维虾形草和黑纤维虾形草生物量相对较少且单株较小，分布水深也较深（郭栋等，2010）。

四、大型底栖动物

俚岛人工鱼礁海域大型底栖动物主要包括腔肠动物、扁形动物、纽形动物、环节动物、软体动物、节肢动物和棘皮动物 7 个门类，其中多毛类种类最多，共记录有 41 种，占大型底栖动物种类组成的 61.19%；甲壳类动物次之，共记录有 14 种，占大型底栖动物种类组成的 20.90%；软体动物 4 种，占 5.97%；棘皮动物 5 种，占 7.46%；腔肠动物、扁形动物和纽形动物各 1 种，分别占 1.49%。

大型底栖动物的生物量范围为 4.05～19.15 g/m^2，平均生物量为 9.65 g/m^2。生物量优势类群为多毛类，多毛类动物生物量占大型底栖生物总生物量的 55.5%，其次是棘皮动物，占总生物量的 20.9%，甲壳类动物和软体动物分别占 9.3%和 8.2%。

大型底栖动物的丰度范围为 400 ～990 个/m^2，平均为 699.4 个/m^2。其中，多毛类动物丰度范围为 275～930 个/m^2，平均为 517.5 个/m^2，占大型底栖动物丰度的 74.0%；甲壳类动物丰度范围为 5～35 个/m^2，平均为 13.8 个/m^2，占大型底栖动物总丰度的 21.3%。

五、渔业资源

1. 渔业资源概况

荣成近海临近烟威、石岛、连青石渔场，是许多经济鱼虾越冬、产卵、索饵的天然场所和越冬洄游的必经之路，渔业资源丰富。据报道，分布和洄游于俚岛近海的鱼类资源有 225 种，其中具有捕捞价值的有 100 多种，主要经济种类有 60 余种，以盛产中国对虾、鹰爪虾、牙鲆、魁蚶、光棘球海胆、栉孔扇贝、刺参等享誉海内外（涂忠，2007）。

2. 渔业资源分布特点

俚岛人工鱼礁海域渔业资源按分布区域和范围特点划分，基本属于两个生态类型。

(1) 地方性资源　栖息在岛礁和较浅水域，大多随季节变化，近距离洄游。一般春、夏季游向岸边产卵，秋、冬季游向较深水域越冬。这一类型的种类多为暖温性及冷暖性地方性种群，如海蜇、毛虾、脊腹褐虾、三疣梭子蟹、花鲈、孔鳐、虾虎鱼、大泷六线鱼、许氏平鲉、梅童鱼、叫姑鱼、多鳞鱚、太平洋鲱等。

(2) 洄游性资源　多为暖温性及暖水性种类，分布范围较大，有明显的洄游路线，少数种类作较长距离的洄游，如蓝点马鲛、鲐等（程济生，2004）。一般春季游向近岸 30 m 以内水域进行生殖活动，少数种类也在 30～50 m 水域产卵；夏季分散索饵，主要分布在 20～60 m 水域；秋季随着水温下降，鱼群游向较深、较暖的水域；冬季主要在黄海洼地及东海北部水深 60～80 m 的深水区越冬。这一类型资源数量较大，但种类数不如地方性资源多，主要种类有蓝点马鲛、银鲳、鳀、黄鲫、鳓、小黄鱼、黄姑鱼、鲐、对虾、鹰爪虾、乌贼等（涂忠，2008）。

上述两种类型渔业资源分布区域互有交叉，季节性移动趋向基本一致。因此，包括俚岛海域在内的山东近海形成了明显的春季和秋季的季节性渔汛。春汛资源分布属向岸移动型，秋汛资源分布属向外移动型。

第四节　俚岛增殖型人工鱼礁建设现状

山东省人工鱼礁建设始于 1981 年，随后人工鱼礁的建设规模和试验研究都得到了一定的发展。1985 年，在荣成附近海域建成的 41.2 万 m^2 人工鱼礁区，是 20 世纪 80 年代山东省建造的最大鱼礁区。此外，80 年代山东省还建设了一定规模的人工参礁和鲍礁。自 2005 年实施渔业资源修复行动计划后，在人工鱼礁扶持项目的带动下，山东省人工鱼礁建设发展迅猛。截至 2017 年底，山东省共投放各类人工鱼礁已达 1 500 万空方，覆盖海域面积 1.9 万 hm^2。

俚岛人工鱼礁项目属山东省渔业资源修复行动计划中 6 个人工鱼礁建设项目之一。项目第一批由水深 9～11 m 的近岸海域和水深 20～30 m 的远岸海域两个礁区组成。项目建设时间为 2005—2008 年，共投大料石约 75 万块、10 万 m^3，混凝土构件礁 13 015 件、6.5 万空方，废弃渔船 60 艘、0.43 万空方，形成人工鱼礁群 12 个，近岸增殖型礁区总面积 97 hm^2（图 2－1）。

俚岛人工鱼礁区是我国北方沿海典型的人工鱼礁生态系统。人工鱼礁区附近海岸线稳定，泥沙活动较弱，潮流流速小；该区为海带养殖区，水深适宜，水质环境良好，水质各因子均符合渔业水质标准，绝大多数指标符合国家二类海水水质标准，水深适宜，海床平坦宽阔、底质较结实，水流平缓，且具有一定的生物基础。

俚岛人工鱼礁海域具备多维、多用途的使用特点，周边水域不仅具有大规模的浮筏养殖活动，而且近岸具有潜水采捕、定制网捕捞等小规模的渔业生产。另外，自 2006 年以来，围绕人工鱼礁建设开展的刺参、皱纹盘鲍、褐牙鲆等经济种类的增殖放流也在此开展，增殖投放鱼苗、鲍苗、参苗和海胆苗共 450 万尾（头）。除此之外，在建成鱼礁区内培养移植鳗草、石花菜、鼠尾藻、马尾藻、海带和裙带菜等各种藻类，以修复近海生态环境和资源。

图 2-1　俚岛人工鱼礁区不同类型的礁体投放前后的情况

1. 石块礁　2. 混凝土礁　3. 废弃渔船礁　4. 投放后附着有大型藻类的石块礁

5. 投放后增殖刺参的混凝土礁　6. 投放后诱集鱼的废弃渔船礁

第三章 大型底栖藻类群落结构及其与环境因子的关系

第一节 引 言

大型底栖藻类是生活在岩礁或砾石潮间带生态系统中的主要群落之一，主要由红藻门（Rhodophyta）、褐藻门（Phaeophyta）和绿藻门（Chlorophyta）等类群组成。大型底栖藻类是近岸生态系统重要的物质基础，在能量流动、物质循环和信息传递中发挥着极为重要的作用。近岸人工鱼礁建设可以为大型海藻提供必要的附着基，是人工修复重建海藻场的重要途径之一。研究人工鱼礁海藻群落的演替，可为海藻场修复和人工鱼礁建设的效果评价提供必要参考。

国内外对天然底栖藻类的群落动态研究较多，澳大利亚的 Davey 研究了维多利亚港西部的藻类群落，发现优势藻类为红藻，且随着水深的变化，藻类群落结构也随之发生变化（Davey，1985）。Ngan 在 1980 年调查了澳大利亚东部汤斯维尔附近的热带海域潮间带的藻类群落，共发现了 144 种底栖藻类，以红藻门种类数最多，且藻类群落呈带状分布（Ngan，1980）。Gunnarsson 在 1992—1995 年间逐月对冰岛西南海域潮间带底栖藻类的覆盖率进行取样调查，发现藻类的季节变化规律在年际间表现一致，多数藻类的覆盖率在 3 月增大、5 月减小，但有些种类可以一直增大至深秋，并认为藻类群落的季节变化受营养盐水平制约，而与温度无关（Gunnarsson，1995）。近年来，我国沿海各省市也对近岸大型底栖海藻的种类分布与资源特征等进行了相关调查，积累了一系列研究数据（刘剑华等，1994；王志铮等，2002；张义浩等，2008；谢恩义等，2009；杨震等，2009；王洪勇等，2010）。

本章对俚岛近岸海域人工鱼礁区内主要礁型中的石块礁与混凝土礁投放 3 年后的大型底栖藻类的附着情况进行调查，并与该海区自然礁石上附着的大型底栖藻类进行对比分析，评价混凝土和石块 2 种礁体上藻类附着效果，探讨大型底栖藻类群落变化与礁区水质理化因子的关系，以期为人工藻场建设与养护提供理论依据。

第二节 材料与方法

一、样品采集

选取投放3年后的人工石块礁、混凝土A形构件礁作为研究对象，并以海底自然礁石作为对照。2009年8月至2010年8月间每隔2个月进行一次附着藻类潜水取样。具体取样方法为：用50 cm×60 cm的PVC管制成矩形采样框，在3种礁体上随机选取3个样方，用铲刀采集所有附着的大型底栖藻类，带回实验室鉴定种类后用天平称重，计算每种藻类的生物量密度。

利用便携式溶氧仪（YSI DO-200）、pH计、盐度计等测定礁区水域溶解氧（DO）、pH、盐度（Sal）、表层水温（Tem）和水深（Dep）。依据《海洋监测规范》和《海洋调查规范》对氨氮（NH_4-N）、磷酸盐（PO_4-P）、硅酸盐（SiO_3-Si）、叶绿素a（Chl a）等指标进行采样测定。

二、数据分析

利用PRIMER 5软件计算不同礁体上附着藻类群落的多样性参数，计算藻类样方的相似性指数（Bray-Curtis similarity），并据此做样方的Cluster聚类图。其中，主要群落参数计算公式如下：

Margalef物种丰富度指数：$R=(S-1)/\ln W$

Shannon-Wiener多样性指数（以下简称香农多样性指数）：

$$H'=-\sum_{i=1}^{S}P_i\ln P_i$$

Pielou均匀度指数：

$$J'=H'/\ln S$$

式中，S为藻类种类数，W为附着藻类的生物量密度，P_i为单位面积某种藻类生物量占总生物量的比例。

利用CANOCO4.5软件对藻类群落和环境因子进行去趋势对应分析（Detrended Correspondence Analysis，DCA）、主成分分析（Principal Components Analysis，PCA）和冗余分析（Redundancy Analysis，RDA），以研究藻类群落结构与环境因子的相关关系。

第三节 结果与分析

一、附着藻类的种类组成、生物量及季节变化

经过5次潜水采样调查，共发现3门13种大型底栖海藻，其中绿藻门3

种，红藻门 6 种，褐藻门 4 种。褐藻门藻类生物量密度最大，全年平均值为 92.724 g/m²。历次取样中，2010 年 8 月石块礁上附着藻类生物量密度最大，藻类生物量达 309.62 g/m²，而 2010 年 3 月自然礁石上附着藻类的生物量密度最小，藻类生物量为 43.04 g/m²；2009 年 8 月自然礁石以及 2010 年 8 月石块礁和自然礁石上附着藻类的种类数最多，均发现藻类 13 种，而 2010 年 3 月、5 月混凝土礁上附着藻类的种类数最少，只有 4 种。藻类生物量密度依季节由高到低依次为夏季（171.45 g/m²）、秋季（154.13 g/m²）、冬季（90.75 g/m²）、春季（82.86 g/m²）（图 3－1）。其中，红藻门藻类与藻类群落总生物量密度的季节变化趋势一致，而绿藻门藻类冬季的生物量密度（1.56 g/m²）低于春季（4.41 g/m²），褐藻门藻类秋季的生物量密度（114.05 g/m²）高于夏季（107.10 g/m²）；比较同季节不同礁体藻类生物量密度，由高到低依次为石块礁（178.98 g/m²）、自然礁石（105.98 g/m²）、混凝土礁（89.43 g/m²）（图3－2），

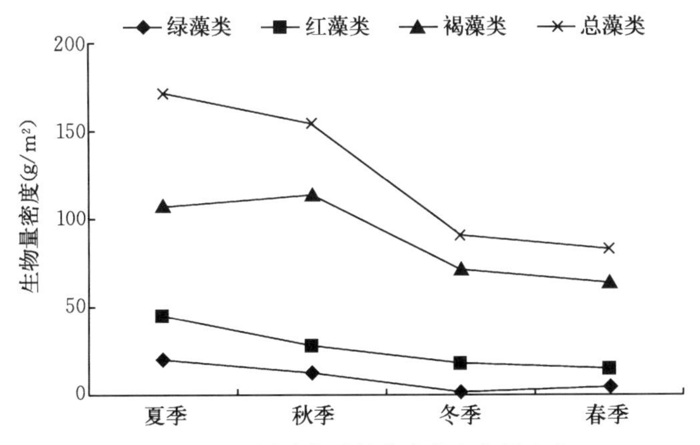

图 3－1　不同季节附着藻类的生物量变化

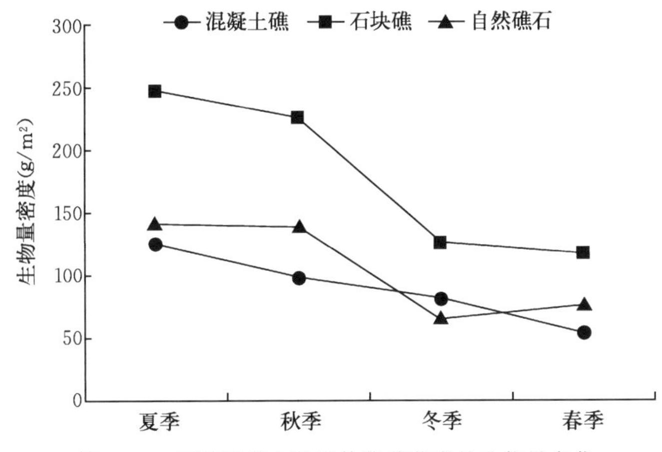

图 3－2　不同季节 3 种礁体附着藻类的生物量变化

不同礁体上附着藻类生物量密度的季节变化趋势大致相同，均为夏秋季高、冬春季低。

二、附着藻类的群落结构特征及聚类分析

根据藻类群落参数可知（表3-1），同一季节，混凝土礁体上附着藻类群落的物种丰富度指数和多样性指数低于另外2种礁体，自然礁石上附着藻类群落的均匀度指数略低于另外2种礁体，但差异不显著；夏、秋季藻类群落的多样性指数高于春、冬季。

表3-1　不同季节3种礁体附着藻类的群落参数

采样时间及礁体类型	种类数	生物量密度（g/m^2）	物种丰富度	均匀度指数	多样性指数
200908C	8	145.24	1.406 0	0.861 3	1.791
200908R	12	246.41	1.997 0	0.768 7	1.910
200908N	13	146.34	2.407 0	0.736 1	1.888
200911C	7	98.29	1.308 0	0.768 8	1.496
200911R	11	225.29	1.846 0	0.784 9	1.882
200911N	12	138.81	2.230	0.763 4	1.897
201003C	4	52.95	0.755 8	0.816 8	1.132
201003R	8	94.50	1.539 0	0.834 0	1.734
201003N	6	43.04	1.329 0	0.713 0	1.278
201005C	4	53.95	0.752 2	0.795 0	1.102
201005R	11	117.62	2.098 0	0.764 5	1.833
201005N	11	77.01	2.302 0	0.686 1	1.645
201008C	8	166.40	1.369 0	0.868 6	1.806
201008R	13	309.62	2.092 0	0.800 9	2.054
201008N	13	177.41	2.317 0	0.780 4	2.002

注：C为混凝土礁；R为石块礁；N为自然礁石。

Cluster聚类图显示（图3-3）：3种礁体5次采集的15个样方分为两大支，冬季样方聚为一支，其余三季样方聚为另一支。在夏、春、秋三季样方中，夏、秋季相同礁体的样方分别聚类，即石块礁藻类样方首先与自然礁石的样方聚类，之后与混凝土礁体的样方聚类；夏、秋季样方聚类后与春季样方聚类。在同种礁体样方中，2009年夏季与2010年夏季的藻类群落相似性较高，在树状图上首先聚类，然后与2009年秋季的藻类群落聚类。春季石块礁样方和自然礁石样方聚为一支后又与冬季的石块礁样方聚为一支，而春、冬季混凝

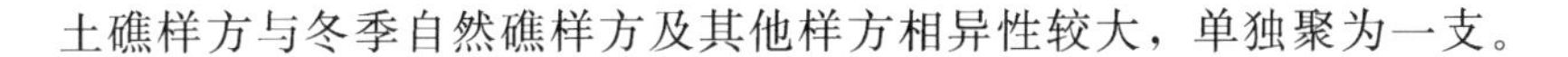

土礁样方与冬季自然礁样方及其他样方相异性较大，单独聚为一支。

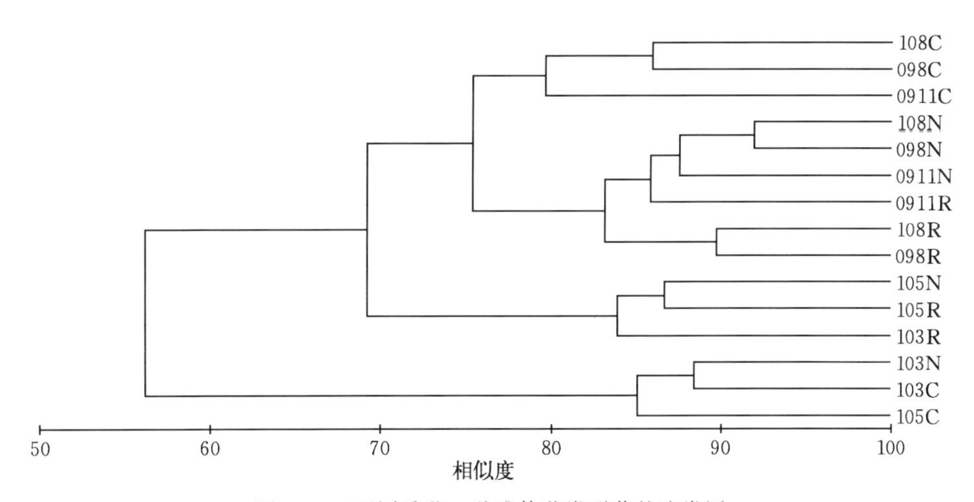

图 3-3　不同季节 3 种礁体藻类群落的聚类图

注：图中代号代表采样时间及不同礁体（C. 混凝土礁，R. 石块礁，N. 自然礁石）

三、附着藻类的群落动态与环境因子的关系

采用 DCA 方法对 3 种礁体 5 次采集的 15 个样方进行分析，结果表明：4 个排序轴的特征值分别为 1.309、0.841、0.538 和 0.658，第一轴特征值最大，体现了最多的生态信息，第二轴次之。根据样方在前两轴的得分做二维排序（图 3-4），图 3-4 中各样点分布的范围和界限表明，Cluster 聚类分析得

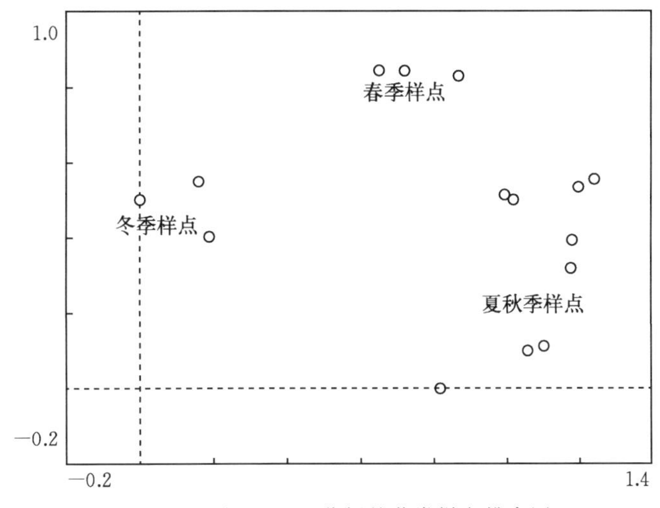

图 3-4　基于 DCA 分析的藻类样方排序图

出的各样方相似性与DCA排序完全吻合。从排序轴上看，藻类群落沿第一、二轴均有明显的梯度变化，冬季的样点在排序图中位于第一轴的左端，而其余三个季节的样点则位于第一轴的右端。

DCA排序结果显示，4个排序轴长度均小于4，藻类群落变化与环境因子的关系符合线性模型。综合9个环境因子组成的9×15矩阵以及藻类群落生物量矩阵进行PCA分析，并据此做藻类种类与环境因子的PCA排序（图3-5），从各环境因子之间及其与排序轴的相关系数矩阵可以看出：两个排序轴共解释了87.9%的群落变化，其中与第一轴相关性高的环境因子为水温、溶解氧与硅酸盐，与第二轴相关性高的为氮、磷营养盐。绿藻门的孔石莼、肠浒苔，红藻门的角叉菜、真江蓠以及褐藻门的海带和海黍子受第一轴影响较大，即与水温的相关性较高。褐藻门的鼠尾藻以及裙带菜受第二轴影响较大，与营养盐的相关性较高。藻类种类名录见表3-2。

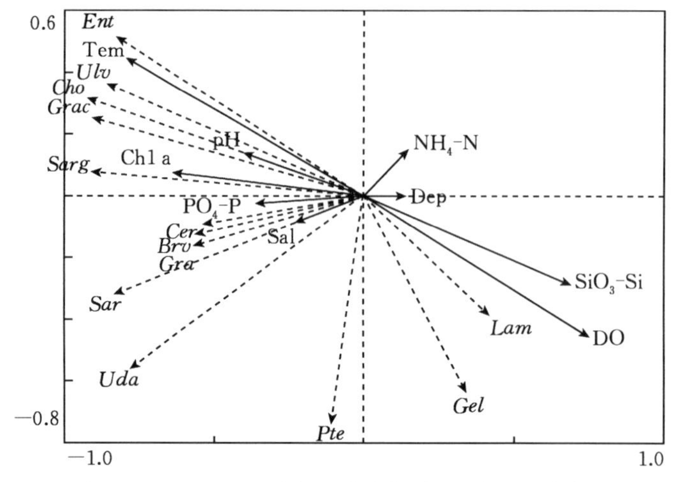

图3-5　基于PCA分析的藻类物种-环境因子排序图

注：图中代号所代表的藻类名称见表3-2

表3-2　3种礁体不同季节附着藻类种类名录

门类	中文名称	拉丁文学名	正文中简称
绿藻门	肠浒苔	*Enteromorpha intestinalis*	*Ent*
	孔石莼	*Ulva pertusa kjellm*	*Ulv*
	羽藻	*Bryopsis plumosa*	*Bry*

（续）

门类	中文名称	拉丁文学名	正文中简称
红藻门	石花菜	*Gelidium amansii*	*Gel*
	鸡毛菜	*Pterocladia capillacea*	*Pte*
	三叉仙菜	*Ceramium rubrum*	*Cer*
	角叉菜	*Chondrus ocellatus*	*Cho*
	繁枝蜈蚣藻	*Grateloupia ramosissima*	*Gra*
	真江蓠	*Gracilaria asiatica*	*Grac*
褐藻门	海黍子	*Sargassum miyabei*	*Sarg*
	鼠尾藻	*Sargassum thunbergii*	*Sar*
	海带	*Laminria japonica*	*Lam*
	裙带菜	*Undaria pinnatifida*	*Uda*

对藻类群落和环境因子进行 RDA 分析发现，环境因子中水温是影响藻类群落变化的决定性因子，其解释了 47.6％的群落变化。将水温作为唯一环境因子进行 RDA 分析，结果如图 3－6 所示。水温对其生物量变化的解释量大于 47％的藻类有肠浒苔、孔石莼、真江蓠、角叉菜、石花菜以及海带。

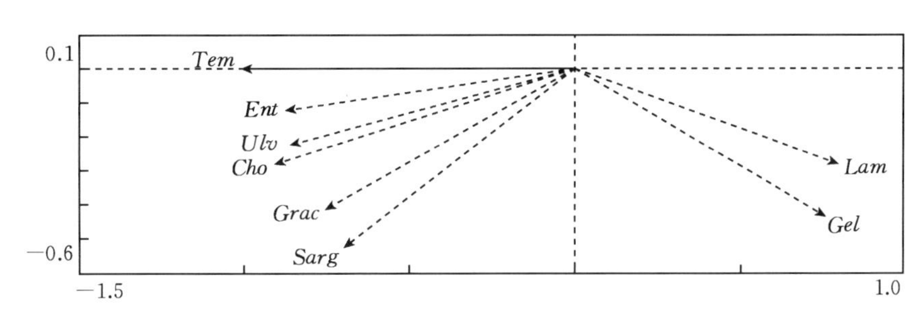

图 3－6　基于 RDA 分析的藻类群落随水温梯度的变化分布图

注：图中代号所代表的藻类名称见表 3－2

分别对 3 种礁体上的藻类群落和主要环境因子指标进行 RDA 分析，结果显示，影响 3 种礁体上藻类群落变化的第一环境影响因子均为水温，影响自然礁石上附着藻类群落变化的第二、三影响因子为氮、磷营养盐，而影响石块礁和混凝土礁上附着藻类群落变化的第二、三影响因子为 pH 和 DO，决定各种礁体藻类群落变化的主要环境因子排序及其提供的解释量见表3－3。

表 3-3 影响 3 种礁体藻类群落变化的重要环境因子排序

礁体类型	第一环境影响因子		第二环境影响因子		第三环境影响因子	
	因子名称	群落变化解释量	因子名称	群落变化解释量	因子名称	群落变化解释量
自然礁	水温	73.5%	氮	15.9%	磷	8.6%
混凝土礁	水温	68.1%	pH	11.7%	DO	9.5%
石块礁	水温	76.6%	pH	12.0%	DO	7.4%

第四节 讨 论

研究表明，人工鱼礁投放后，最初在礁体上附着生长的是石莼等绿藻门藻类，其次是红藻门和褐藻门藻类，逐渐由低级藻类向高级大型藻类演替。由于石莼类等藻类会抑制红藻类的生长，因此从裸石发展到藻类群落成熟稳定，一般要经过 2～3 年的时间，褐藻门藻类的大量附着生长即表明人工礁体藻类群落发展成熟（Sousa 等，1979）。Choi 等在 2001 年调查日本四国伊方町附近海域投放的人工礁体时，发现礁体投放 18 个月后，礁体上铜藻属等褐藻种类占优势，Choi 认为礁体上附着藻类的群落趋于成熟（Choi 等，2002）。Oyamada 等于 2001—2006 年间监测了东京湾口海域投放的混凝土块礁和铁渣煤灰混合块礁上藻类群落的演替规律，发现在投放 11 个月后，礁体上藻类群落的优势种由最初的硅藻类逐渐被翅藻属和马尾藻属等褐藻门的藻类所代替，演替规律与附近自然礁石上藻类相一致，认为 2 种人工礁体上藻类群落达到成熟状态（Oyamada等，2008）。本调查发现，混凝土礁和石块礁 2 种礁体附着藻类中均有褐藻门藻类出现，说明投放 3 年后，礁体上附着藻类群落已逐渐趋于成熟。

荣成俚岛湾大部为基岩岬湾海岸，底质以粗砾、中砾为主，水流通畅，藻类生长茂盛。本章对 3 种不同礁体上大型藻类的 5 次采样调查发现，共有 3 门 13 种底栖藻类出现在调查区域。其中红藻门藻类的种类最丰富，其次是褐藻门藻类，由于褐藻门藻类个体大，其生物量最高；绿藻门藻类种类最少，生物量最低，主要由孔石莼和肠浒苔组成。通常，红藻门藻类含有藻红素会反射红光、吸收蓝光，使其在较深水域也能进行光合作用而存活，从而成为大型底栖海藻中种类最多、分布最广泛的一类。据报道，黄渤海海域大型底栖海藻共有 103 属 200 种，其中红藻门藻类有 97 种（张水浸，1996）。Ngan 等在对澳大利亚汤斯维尔海域潮间带藻类进行调查时亦发现相同的群落组成规律。本研究海域处于海带养殖区，成熟海带的孢子体脱落后会附着在人工投放的礁体上，从而使海带成为 3 种礁体上生物量密度最高的优势种。石莼属和浒苔属是我国北方沿海最常见的绿藻类，本调查发现，孔石莼和肠浒苔为礁体附着藻类的优势种，羽藻仅为偶见种，这与庄树宏等在山东南长山岛、龙须岛的调查结果一致（庄树宏等，2003，2004）。刘剑华等（1994）在山东半岛东部海域的褚岛、日岛、刘公岛、鸡鸣岛、镆铘岛等8个岛屿的底栖海藻调查结果也表明，构成底栖藻类群落中的绿藻主要为石莼属和浒苔属。

本研究调查还发现，藻类生物量及群落多样性指数在夏季较高而冬季较低，但夏季藻类群落均匀度与冬季无显著差异。分析认为，荣成俚岛海域夏季水温适宜，营养盐充沛，藻类种类丰富，但由于褐藻门的海黍子、海带等生物量占绝对优势，致使群落的均匀度较低。随着冬季水温的降低，体型较小的一年生藻类如绿藻门和红藻门中的少数藻类衰退，藻类种类数和生物量减少，只有几种冷水性种类生长旺盛，使得冬季藻类群落均匀度也不高。

聚类分析表明，在夏、秋季，同种礁体上藻类群落的相似度较高，不同礁体上附着藻类的群落相似度较低，说明不同附着基对藻类群落结构有显著影响；3种礁体中，石块礁上的藻类群落与自然礁石底的藻类群落相似度高，而与混凝土礁体上藻类群落差异较大。分析认为，石块礁取自天然，投放水域后对环境扰动较小，更容易融入水域环境，因此其附着藻类的组成与自然礁石的相似度高；混凝土礁为人工制造，其表面结构与石块存在较大差异，材料并非天然，礁体中的一些气体和元素会在投放后释放，使得周边水域理化环境发生改变，因此，其上附着的藻类群落结构变化较大。有研究表明，混凝土礁体投放海域后会释放碱性物质，不利于藻类附着生长（Davis等，1982）。Oyamada等在调查中发现，铁-混凝土混合材料制成的礁体上藻类的演替速度以及藻类的植株长度和湿重都显著高于混凝土礁，其附着效果要好于混凝土礁（Oyamada等，2008）。Kress等发现含有40%～60%粉煤灰的礁体上藻类附着效果要显著好于纯混凝土和纯粉煤灰礁体（Kress等，2002）。此外，本研究中混凝土礁体为A形人工礁，其形状也可能对藻类的附着产生影响，需进一步试验进行验证。

DCA分析表明，藻类样方点在排序轴上的分布沿第一、二轴均有明显的梯度变化，冬季的藻类样方点分布于排序图第一轴的左端，而夏、秋季的样方点则分布于第一轴的右端。因此认为，水温的变化决定了藻类的群落结构，随着水温的升高，一些冷水性藻类被暖水性藻类替代。从第二轴的样方点分布位置上看，夏、秋季节混凝土礁藻类样方分布于第二轴的下端，而春、冬季的石块礁以及春季的自然礁藻类样方点分布于第二轴的上端，且规律不明显，分析认为是几种生态因子共同作用的结果。

聚类分析是根据藻类样方中物种的生物量密度组成进行两两比较，计算其相似度，然后按相似度高低，以树状图的形式体现各样方在种类生物量组成上的相似关系。而 DCA 分析则是在对应分析的基础上消除排序图上的"弓形效应"，样方在第二排序轴上的分布位置很大程度上依赖于其在第一轴的分布，这是对应分析中正交化的必然结果（Hugh 等，1982）。作为一种非限制性梯度分析方法，其可以初步用于探讨影响藻类群落特征的内在因子。研究表明，基于 DCA 分析的样方排序图可以反映样方的相似关系，桂东伟等在研究中昆仑山北坡策勒河流域生态因素对植物群落的影响时，通过对比 TWINSPAN 聚类图和 DCA 排序图，认为 DCA 分析可以有效反映植物样方的相似关系，并且能够较形象地解释植物群落与环境因子的对应关系（桂东伟等，2010）。本章的 PRIMER 聚类分析与 DCA 排序图结果基本吻合，一方面验证了聚类分析结果的合理性，同时各样方在 DCA 二维排序图上有明显的分布范围和界限，较聚类分析更能形象地反映藻类群落与环境因子之间的内在规律。

生物群落变化与环境因子的梯度响应模型主要有 2 种，即线性模型和单峰模型，这 2 种模型都是对实际数据的近似拟和，在比较短的梯度下，线性模拟准确度更高，判断依据是根据 DCA 4 个排序轴长度，当最长排序轴长度＞4 时，适用单峰模型；当＜4 时适用线性模型。在线性模型中，RDA 分析是在线性模型基础上的一种约束性排序方法，可以研究环境因子中单个因子或者几个因子组合对生物群落变化的影响程度，RDA 排序结果显示，水温是影响藻类群落的决定性因子。温度是植物生长最重要的影响因素之一，任何植物的生长、发育都需要一定的热量和温度范围，超过或者低于适宜温度时，植物生长就会受到抑制。本研究海区属于温带季风区，四季温度变化明显，夏季水温高（21 ℃以上）而冬季水温低（短期可达 4 ℃以下），水温的差异决定了两个季节的藻类群落结构的不同。根据 RDA 分析的物种随水温变化图可知，绿藻门藻类，红藻门的石花菜、江蓠和角叉菜，以及褐藻门的海带和海黍子受水温的影响较大，其余藻类受其影响不大，分析原因有：①一些偶见种如羽藻、三叉仙菜等由于生物量极低且为零星出现，因此趋势不明显；②海带是典型的冷温性藻类，冬季生物量高于夏、秋季，其他褐藻门中的大型藻类虽冬季也衰败，但其残余部分依旧附着，且生物量相对较高，反映在梯度分析中与水温相关性不大；③夏、秋季节水温适宜，同时，海带收获活动使海区水层交换充分，海黍子等暖温性藻类生长旺盛，因此造成夏、秋季藻类生物量大。由于冷温性藻类种类较少，使得冬、春季藻类生物量相对较小。通过 RDA 分析 3 种礁体藻类群落变化的影响因子发现，除水温外，氮、磷营养盐是制约自然礁石区藻类群落的第二、三环境影响因子；而在人工鱼礁区，氮、磷营养盐的影响不再显著。分析认为，人工礁体所营造的涌升流和背涡流使得海水上下层交换充分，营养盐丰富，不再成为限制藻类群落的主要因子。此时，pH 和溶解氧成为人工鱼礁区限制藻类群落的第二、三环境影响因子，人工礁投放后会对海底的

pH 和溶解氧影响较大。一方面，混凝土礁体会释放碱性物质；另一方面，随着礁区生态系统日益复杂，溶解氧含量变化较大，对藻类群落结构会产生较大影响。

本章结果表明，石块礁藻类群落不仅与自然礁藻类群落相似性较高，而且附着藻类生物量最大，是该海区营建人工藻场较好的礁体材料。混凝土作为国内外人工礁体选用最多的材料，其材料组成及制作工艺会对生物附着效果产生一定影响，但不可否认其在诱集生物等方面具有生态学作用，而且混凝土制礁的结构稳定性高，随着时间推移，其生态养护效果会逐渐显现。

第四章 基础碳源的营养贡献

第一节 引　　言

基础碳源是水域食物网的能量基础。人工鱼礁上附着的大型海藻，礁体周边海域悬浮颗粒有机质的输送补充，以及其他碳源的输入共同构成了近岸人工鱼礁海域食物网的基础碳源。在温带近岸海域，大型海藻和海草是海洋景观中重要的构成要素，也是海域食物网重要的能量基础（Steneck 等，2002），除少量被牧食者直接摄食外，绝大多数海藻和海草以碎屑有机质的形式进入能量流动通路中，而大型海藻和海草类具有明显的季节盛衰规律，这种变化也影响着人工鱼礁区的营养动态。

本章通过对俚岛近岸人工鱼礁海域优势海藻生长（2012 年 11 月）和衰亡（2013 年 7 月）季节基础碳源和代表性底栖消费者进行样品采集和碳氮稳定同位素测定，分析了礁区基础碳源的碳氮稳定同位素特征，并采用聚类分析方法划分基础碳源功能组，进而利用 SIAR 模型量化消费者的食源组成，比较基础碳源对人工鱼礁区消费者食源重要性的季节间差异，旨在判定支持礁区不同营养类型消费者生产的潜在基础碳源，阐明附着藻类在人工鱼礁区次级生产中的生态作用。

第二节 材料与方法

一、样品采集和处理

2012 年 11 月与 2013 年 7 月分别于俚岛近岸人工鱼礁海域采集基础碳源和代表性消费者。采集的基础碳源对象主要包括大型底栖藻类、海草和悬浮颗粒有机物（POM）。

海藻和海草样品在低潮时采自潮下带，样品采集后用预先经 0.22 μm 滤膜过滤的海水进行洗涤，以去除藻片上的附着生物和碎屑，待表面洗净后，用纯水冲洗样品至表面无任何残留物。使用采水器于远岸海域取表层水 1～2 L，使用筛绢（170 μm）过滤，所得滤液经预先在马弗炉高温灼烧过的 GF/F 膜过滤，所得样品即为 POM。

消费者主要选取礁区的优势种类以及不同食性和营养层级的代表种类，分别采集了滤食性贝类（贻贝和牡蛎）、沉积食性刺参、杂食性日本蟳，以及 3 种底栖生物食性的岩礁性鱼类，即许氏平鲉、斑头鱼和大泷六线鱼。贝类和刺参由潜水员在近岸潮下带潜水采集；日本蟳和 3 种岩礁性鱼类通过投放于近岸礁区的地笼网捕获。同位素样品制备时，贝类取其软体部；日本蟳取其第一螯足肌肉；刺参则是去除内脏和石灰环，留取体壁部分；鱼类取背鳍下方的白肌作为样品。

取样后的同位素样品暂时冻存于－20 ℃的冰箱中保存，随后在－80 ℃条件下冷冻干燥 48 h。使用研钵对样品进行研磨，研磨后的样品存入样品管中并做好标记，干燥保存，等待上机检测。

二、稳定同位素分析

样品的碳氮稳定同位素测定分析在青岛海洋地质研究所进行，分析采用美国 Thermo Finnigan 公司的 Flash EA1112 型元素分析仪和 MAT 253 同位素比值质谱仪。在样品测试过程中，为保证试验结果的准确性和仪器的稳定性，每测定 10 个样品后，加测一个标准样品。样品在元素分析仪中高温燃烧后生成 CO_2 和 N_2，质谱仪通过检测 CO_2 中的 ^{13}C 与 ^{12}C 比率以及 N_2 的 ^{15}N 与 ^{14}N 比率，并分别与国际标准物——美洲拟箭石（PDB）和纯化的大气中的 N_2 比对，从而计算出样品的 $\delta^{13}C$ 值和 $\delta^{15}N$ 值。相关计算公式如下：

$$X=\frac{R_{\text{sample}}-R_{\text{standard}}}{R_{\text{standard}}}\times 1\,000$$

式中，X 为 $\delta^{13}C$ 或 $\delta^{15}N$，R_{sample} 为样品测得的同位素比值，碳同位素为 $^{13}C/^{12}C$，氮同位素为 $^{15}N/^{14}N$，R_{standard} 为国际通用标准物的重轻同位素丰度之比。

三、数据处理

运用独立样本 t 检验分析两次采集的基础碳源和消费者的 $\delta^{13}C$ 和 $\delta^{15}N$ 值差异显著水平（$\alpha=0.05$），数据分析前进行正态检验和方差齐性检验，若不满足上述要求，则采用 Kruskal-Wallis 检验指标间差异显著水平（$\alpha=0.05$）。基础碳源营养组群的划分，根据基础碳源的 $\delta^{13}C$ 和 $\delta^{15}N$ 值，采用多元统计分析软件 PRIMER6.0 中的等级聚类分析进行基础碳源营养组群的划分。本章采用基于 R 程序的贝叶斯稳定同位素混合模型 SIAR v4.0 评估基础碳源对代表消费者的相对贡献度（Parnell 等，2010）。SIAR 模型需要输入消费者的 $\delta^{13}C$ 和

$\delta^{15}N$ 值、潜在食源以及各食源营养富集因子的 $\delta^{13}C$ 和 $\delta^{15}N$ 均值及其标准差（Parnell 等，2010）。^{13}C 的营养富集因子（TEF）选择（1.7±0.63)‰，^{15}N 的 TEF 参考 Post 等（2002）的研究，选择（3.4±0.74)‰，3 个计算置信区间（CI）为 90%、50%和 10%。

第三节　结果与分析

一、基础碳源的碳氮稳定同位素特征分析

2012 年 11 月和 2013 年 7 月两次基础碳源采集过程中，共采集大型底栖藻类 11 种，其中褐藻门 4 种、红藻门 4 种、绿藻门 3 种；海草类 2 种（分别为鳗草和红纤维虾形草）（表 4－1）。

两次采样中基础碳源的 $\delta^{13}C$ 均值范围为－23.37‰（POM）～－9.61‰（鳗草），$\delta^{15}N$ 的均值范围 2.43‰（龙须菜）～8.75‰（龙须菜）。Kruskal－Wallis 检验表明海藻类的 $\delta^{13}C$ 在两季节间差异不显著（$P>0.05$），$\delta^{15}N$ 差异极显著（$P<0.01$）；而海草类 $\delta^{13}C$ 在两季节间差异显著（$P<0.05$），$\delta^{15}N$ 差异不显著（$P>0.05$）。

物种水平，鳗草、鼠尾藻、海带、龙须菜的 $\delta^{13}C$ 和 $\delta^{15}N$ 在两季节间存在显著差异（$P<0.05$），而红纤维虾形草和 POM 则无显著性差异（$P>0.05$）。

11 月基础碳源的 $\delta^{13}C$ 均值范围为－23.01‰（POM）～－9.61‰（鳗草）；$\delta^{15}N$ 均值范围为 2.43‰（龙须菜）～7.62‰（红纤维虾形草）。7 月基础碳源的 $\delta^{13}C$ 均值范围为－23.37‰（POM）～－11.51‰（鳗草），$\delta^{15}N$ 均值范围为 4.83‰（POM）～8.75‰（龙须菜）。

褐藻门的 $\delta^{13}C$ 和 $\delta^{15}N$ 均值范围分别为－17.34‰～－16.24‰和 5.36‰～7.28‰，红藻门的 $\delta^{13}C$ 和 $\delta^{15}N$ 均值范围分别为－20.58‰～－19.98‰和 4.27‰～8.78‰，绿藻门的 $\delta^{13}C$ 和 $\delta^{15}N$ 均值范围分别为－18.50‰～－15.43‰和 6.02‰～7.60‰，海草的 $\delta^{13}C$ 和 $\delta^{15}N$ 均值范围分别为－12.33‰～－10.89‰ 和 6.88‰～7.01‰（表 4－1）。

表 4－1　俚岛近岸人工鱼礁海域基础碳源的 $\delta^{13}C$ 和 $\delta^{15}N$ 值

种类	$\delta^{13}C$		$\delta^{15}N$		样品数（n）	
	2012 年 11 月	2013 年 7 月	2012 年 11 月	2013 年 7 月	2012 年 11 月	2013 年 7 月
褐藻门						
海带	－17.02±0.23	－12.89±0.06	7.11±0.37	6.47±0.12	5	6
铜藻	－17.06±0.98		3.34±0.08		5	5

（续）

种类	$\delta^{13}C$		$\delta^{15}N$		样品数（n）	
	2012年11月	2013年7月	2012年11月	2013年7月	2012年11月	2013年7月
裙带菜		−17.38±0.13		8.20±0.21		6
鼠尾藻	−18.85±0.06	−18.33±0.65	6.05± 0.06	6.56±0.42	5	5
红藻门						
带形蜈蚣藻	−16.99±0.12	−19.00±0.10	6.60±0.08	8.72±0.04	3	3
龙须菜	−22.61±0.36	−21.15±0.55	2.43±0.41	8.75 ±0.21	5	7
石花菜	−19.97±0.38		7.68±0.35		5	
节夹藻	−17.87±0.03		5.37±0.07		2	
绿藻门						
刺松藻	−18.04±0.41		4.09±0.58		4	
孔石莼	−15.32±0.18	−18.42±0.04	6.39±0.23	7.59 ±0.12	4	2
肠浒苔		−18.45±0.21		7.71 ±0.05		8
维管植物						
鳗草	−9.61±0.14	−11.51±0.34	6.39±0.23	6.66±0.08	6	6
红纤维虾形草	−12.80±0.22	−13.31±0.71	7.62±0.29	7.44±0.23	4	4
POM	−23.01±0.96	−23.37±0.87	4.51±0.84	4.83 ±0.69	5	3

二、基础碳源的营养功能组划分

根据基础碳源 $\delta^{13}C$ 和 $\delta^{15}N$ 值的欧几里得距离对俚岛近岸人工鱼礁海域的基础碳源进行分类，在相似度 86%水平上，可将 11 月采集到的基础碳源划分为 3 个营养功能组：第一组为鳗草、孔石莼、红纤维虾形草，以海草类为主；第二组为 POM 和龙须菜；第三组为铜藻、海带、石花菜、尾鼠藻的海藻组。7 月在相似度 87%的水平上，可将基础碳源划分为 3 个营养功能组：第一组包括鳗草、海带、红纤维虾形草，以海草类为主；第二组是 POM；第三组为龙须菜、裙带菜、鼠尾藻、肠浒苔构成的海藻组（图 4－1）。

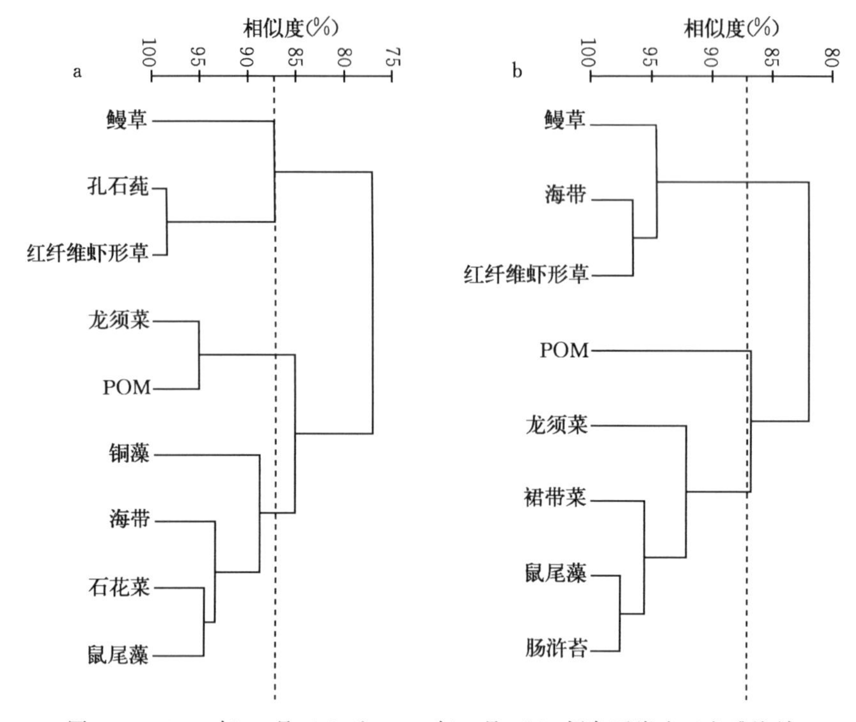

图 4-1　2012 年 11 月（a）和 2013 年 7 月（b）俚岛近岸人工鱼礁海域基础碳源类群碳氮稳定同位素比值聚类分析

三、底栖消费者的碳氮稳定同位素特征分析

本节比较了 6 种代表性类群 $\delta^{13}C$ 和 $\delta^{15}N$ 的季节差异，代表性类群 $\delta^{13}C$ 变化范围为－20.73‰（滤食性贝类）～－15.72‰（大泷六线鱼），$\delta^{15}N$ 范围为 9.06‰（滤食性贝类）～15.46‰（大泷六线鱼）。滤食性贝类的季节间 $\delta^{13}C$ 和 $\delta^{15}N$ 无显著性差异（$P>0.05$），刺参的 $\delta^{13}C$ 和 $\delta^{15}N$ 在季节间存在显著性差异（$P<0.05$），日本蟳的 $\delta^{13}C$ 在季节间差异显著（$P<0.05$），而 $\delta^{15}N$ 差异不显著（$P>0.05$）。斑头鱼、许氏平鲉与大泷六线鱼三种鱼类的 $\delta^{13}C$ 和 $\delta^{15}N$ 在季节间均无显著性差异（$P>0.05$）（图 4-2）。

四、底栖消费者食源贡献分析

基于 SIAR 模型估算结果，本节比较了基础碳源对代表性消费者类群食源贡献的季节变化（图 4-3）。POM 和海藻类在代表性消费者的基础碳源贡献中相比海草更高。贝类的潜在食源中 POM 和海藻是主要食源，其中 POM 的平均贡献率在两次调查结果中均较高，而 7 月（指 2013 年，下同）的平均贡

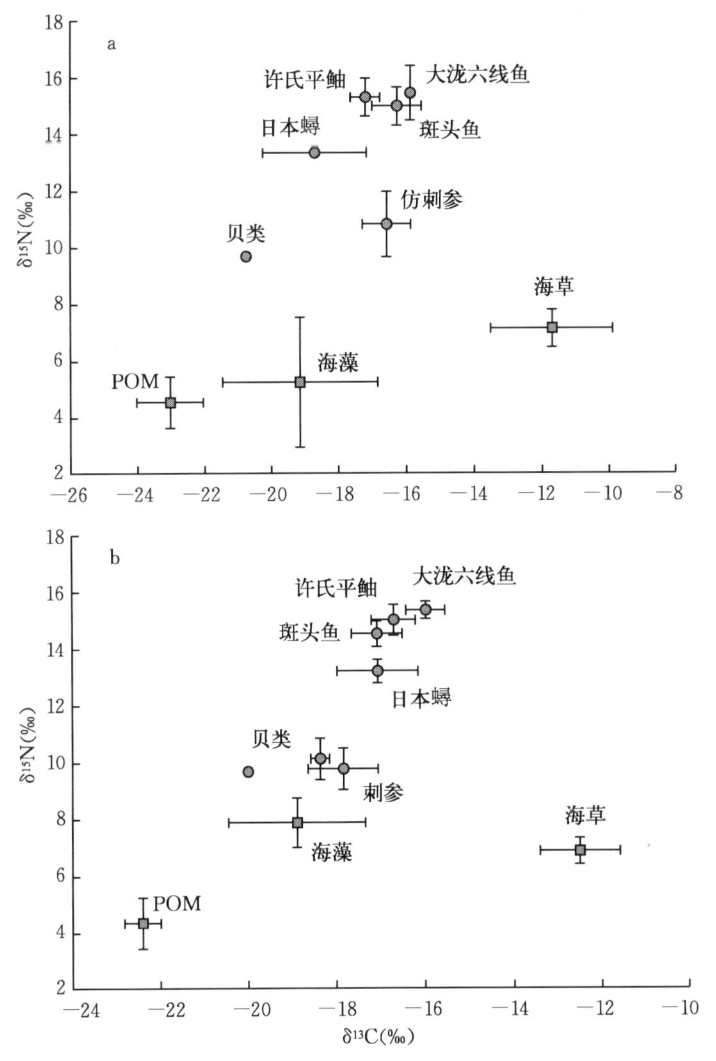

图 4-2　2012 年 11 月（a）和 2013 年 7 月（b）俚岛近岸人工鱼礁海域代表性消费者及其基础食源的 $\delta^{13}C$ 和 $\delta^{15}N$ 双序图

献率（45.20%）更是高于 11 月（指 2012 年，下同）（40.40%）；7 月海藻的平均贡献率相比 11 月上升了 10.48 个百分点，达到 40.86%（图 4-3）。

刺参的潜在食源中 POM 和海藻都是主要食源，其中 POM 和海藻是其主要基础碳源，两者所占平均贡献率达到 75.80%。11 月 POM 是刺参最重要的基础碳源（38.84%），而 7 月 POM 的平均贡献率上升为 43.62%。刺参的优势基础碳源海藻的平均贡献率由 11 月的 27.20%上升为 7 月的 41.93%，平均贡献均率增加了 14.73 个百分点。

日本蟳对三种基础碳源的摄食存在季节差异，11月POM成为其主要食源(42.64%)，而7月POM的平均贡献率下降为34.29%，海藻成为主要食源，平均贡献率由11月的34.29%上升为7月59.93%。海草在两季节间的平均贡献率都相对较低，平均贡献率在20%左右。

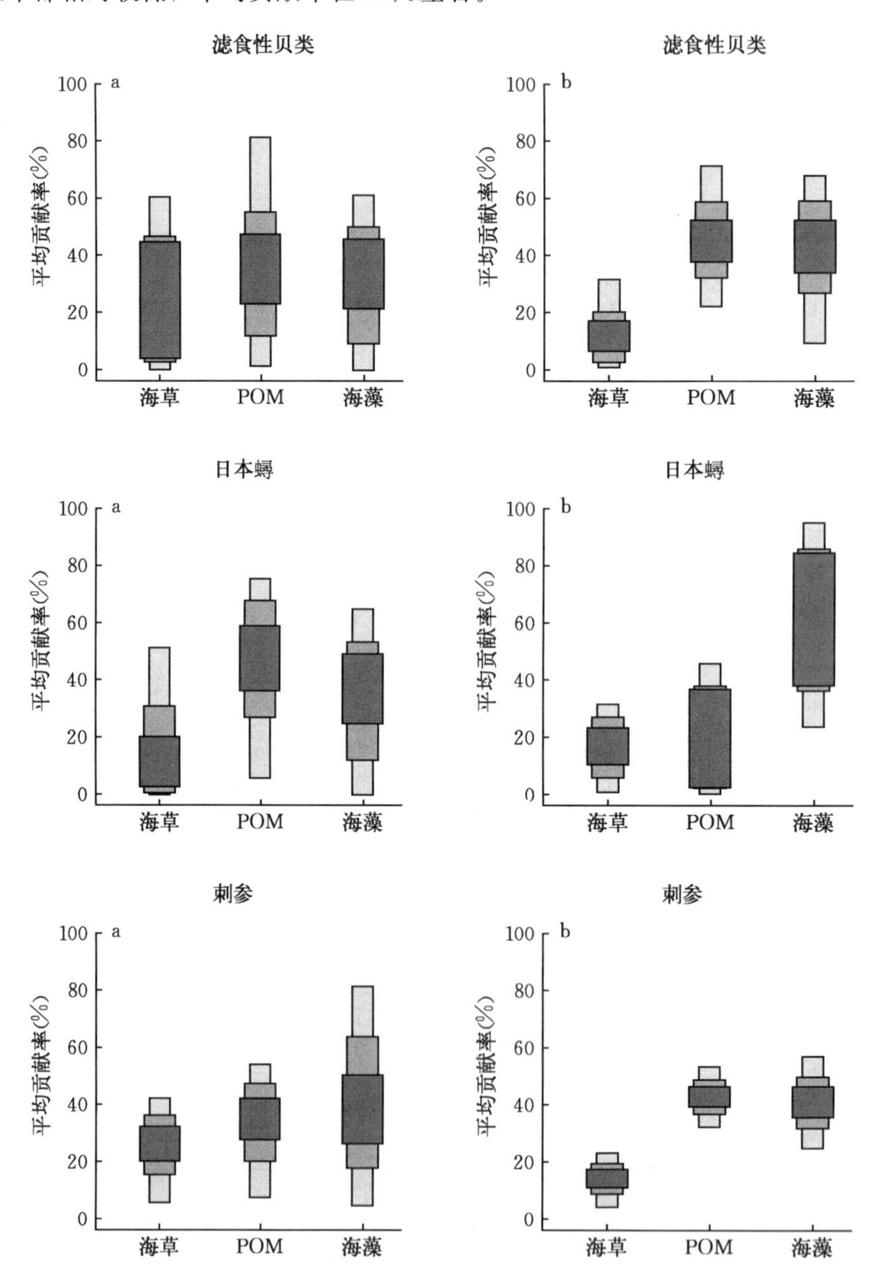

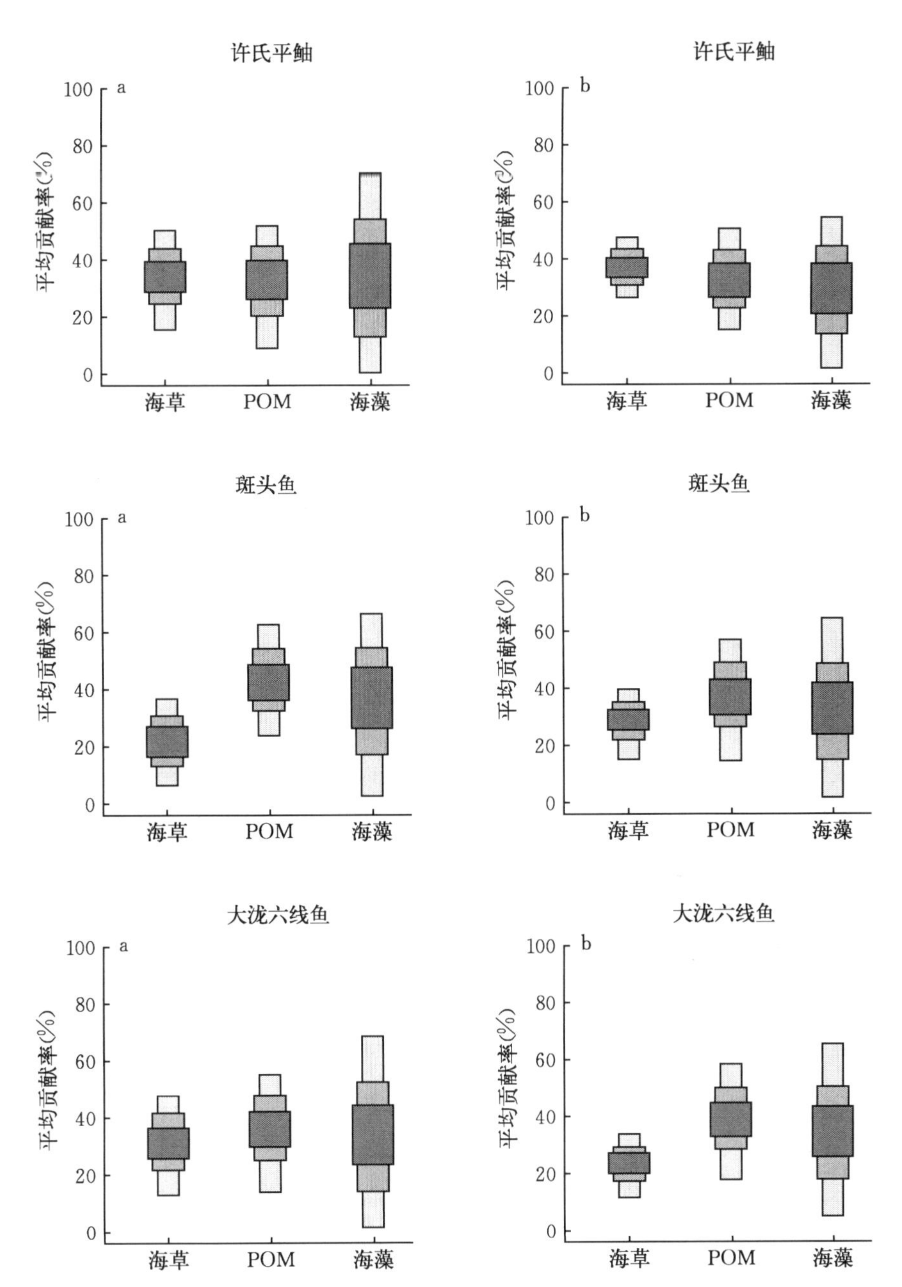

图 4-3　2012 年 11 月（a）和 2013 年 7 月（b）俚岛近岸人工鱼礁海域底栖消费者的基础碳源平均贡献率

三种基础食源对于许氏平鲉、斑头鱼和大泷六线鱼的平均贡献率差异较小，且季节间变化不大，平均贡献率约为 35%。

第四节　讨　　论

一、基础碳源的碳氮稳定同位素基本特征及其季节变化

本研究中俚岛近岸海域基础碳源 $\delta^{13}C$ 范围为－23.37‰～－9.61‰，这与刘春云等（2020）在烟台潮间带测定的基础碳源的 $\delta^{13}C$ 范围（－21.17‰～－9.88‰）相近。根据 Bouillon 等（2008）研究，$\delta^{13}C$ 范围在－30‰～－24‰为 C_3 植物，－16‰～－7‰为 C_4 植物，而 $\delta^{13}C$ 介于 C_3 和 C_4 植物之间为景天酸代谢途径（Crassulacean acid metabolism，CAM）植物。本研究中海草类的鳗草和红纤维虾形草为 C_4 植物，而海藻类的海带与孔石莼具有 C_3 植物碳值特征，其余海藻类均为 CAM 植物。由于 C_4 植物的光合作用补偿点比 C_3 的低，且 C_3 植物含有很少或没有叶绿体，在适宜的环境下 C_4 植物固定的碳元素要比 C_3 的多，因此海藻类的 $\delta^{13}C$ 普遍比海草类低。

本研究中 2013 年 7 月采集的海带、鼠尾藻和龙须菜的 $\delta^{13}C$ 比 2012 年 11 月对应种类的 $\delta^{13}C$ 更高。据报道，海洋中自营养植物的 $\delta^{13}C$ 变化与海水温度之间存在着线性正相关关系（蔡德陵，1999）。海带的 $\delta^{13}C$ 在季节间变化较为显著，2013 年 7 月 $\delta^{13}C$ 比 2012 年 11 月有所上升，这可能是由于海带是典型的冷水种，在秋冬季节具有较高生长速率，而分馏程度一般与新陈代谢的速率成反比，因此相对来说，2012 年 11 月海带 $\delta^{13}C$ 分馏程度低，导致其 $\delta^{13}C$ 较低。不同藻类季节间 $\delta^{13}C$ 变化也可能与其利用不同碳源有关，海藻类群中龙须菜表现出较低的 $\delta^{13}C$，这可能是其利用海水中溶解的 CO_2 所致，孔石莼具有较高的 $\delta^{13}C$，可能与其主要以 HCO_3^- 作为碳源有关（Thimdee，2004）。2013 年 7 月鼠尾藻、龙须菜、孔石莼的 $\delta^{15}N$ 相对更高，其中龙须菜的 $\delta^{15}N$ 增加尤为明显。王玉珏等（2016）研究表明，大型藻类 $\delta^{15}N$ 的差异主要是由藻体在吸收和利用氮营养盐的过程中发生的同位素分馏导致，尤其在富营养环境下分馏度会有所提高。本研究中夏季龙须菜 $\delta^{15}N$ 更高，可能与水体中该季节氮盐充足以及龙须菜的生长旺盛有关。

二、基础碳源对底栖消费者的食源重要性

因为研究区域具有多种基础碳源，本研究采用多变量统计分析中的欧几里得距离将基础碳源中碳氮稳定同位素比值相近的基础碳源聚合为一个功能组，以便进行后续消费者食源贡献度分析。聚类分析结果显示，两个月份均可以海藻、海草和 POM 为主划分为三个营养功能组，这也说明以海洋植物类群为单位估算基础碳源对底栖消费者贡献具有可行性。

基础碳源对消费者食源贡献的重要性分析表明，相比海草类，POM 和海

藻类对代表性消费者食源的贡献比例更高。海草属于维管束植物，自身含有很高的纤维束，不易被直接消化，因此海草对于近岸水域底栖消费者的贡献普遍偏低（Lin，2007），而大型海藻与海草相比具有更高的生物量以及更高的营养价值，使得底栖消费者对于大型海藻碳源有明显的摄食偏好（郑新庆，2011）。Barros（2001）也发现澳大利亚植物湾内大型海藻是底栖消费者的主要食物源。Nadon（2006）研究发现大型海藻生产力中约90%以POM和溶解性有机物（DOM）的形式存在于海洋生态系统中，能为海洋底栖动物提供50%以上的有机碳。Gabara等（2020）发现在美国加利福尼亚州南部的圣卡塔利娜（Santa Catalina）岛海域大型海藻是消费者的主要食源。上述研究均表明大型海藻作为近岸海域重要的基础碳源，对底栖消费者的次级生产起到重要的支撑作用。

SIAR模型分析表明两个季节中贝类基础碳源以POM和海藻为主，并且POM在三种基础碳源中贡献度最高，这可能与贝类滤过作用的颗粒粒径大小有关。由于POM粒径较小，相比其他植物碎屑会优先被滤食生物摄食，因此POM对贝类的食源贡献最大。对刺参的基础碳源贡献分析表明，海藻碳占有重要地位，尤其是在2013年7月结果较明显。一方面这反映了海藻碳季节可得性的差异；另一方面，相比滤食性贝类，沉积食性的刺参具有一定的食物和沉积生境斑块的选择性，对海藻碎屑有较明显的摄食喜好。刘瑀等（2017）对黄渤海近岸区域的刺参食源的分析结果也与本研究结果相似，证实了刺参食源以大型海藻、碎屑为主。研究区域内人工鱼礁和自然礁附着的大量海藻，其衰亡时叶状体末端冲掉的小颗粒物，以及在水动力、捕食破坏或孢子发生期碎裂脱落的大型碎片或全藻体，会以碎屑的形式扩散到海藻场内外，从而增加了底栖消费者对海藻摄食的可能性，而且海藻类对滤食性贝类、刺参和日本蟳的食源贡献比例在夏季明显更高，这也证实了夏季高温进一步促进了海藻碎屑的释放和生物的同化吸收。

日本蟳的$\delta^{13}C$在季节间差异显著，而$\delta^{15}N$差异不显著，这与基础食源中海带季节间$\delta^{13}C$和$\delta^{15}N$变化特征相似。陈仕煊（2021）通过脂肪酸标记法分析了日本蟳的食源组成，发现日本蟳具有明显褐藻食性偏好的结果，与本研究利用碳氮稳定同位素技术分析得出的海藻是日本蟳主要食源的结果相符。三种底栖生物食性鱼类间的基础碳源贡献度分析结果相似，这可能是因为三种鱼类在研究海区均为次级消费者，摄食多种饵料生物，基础碳源营养流通途径多样。总的来说，海草和海藻类构成的底栖基础碳源对底栖生物食源的贡献要明显高于水体基础碳源贡献。

第五章 鱼类和大型无脊椎动物群落结构

第一节 引言

人工鱼礁对鱼类和大型无脊椎动物群落结构的影响与礁体结构参数紧密相关，包括礁体大小（Bohnsack 等 1994；Gatts 等 2014），礁体垂直起伏度（Rilov 和 Benayahu，2000；Rilov 和 Benayahu，2002；Granneman 和 Steele，2015）以及结构复杂性，如面积、高度以及孔洞数等（Rilov 和 Benayahu，2000；Charbonnel 等 2002；Hackradt 等 2011）。此外，人工鱼礁投放后的时长（Coll 等 1998；Perkol - Finkel 等 2006；Becker 等 2016）和环境条件，如底质类型（Coll 等 1998；Brown 等 2014）、水深（Sherman 等 1999；Fujii 2015）等因素也会影响人工鱼礁区动物群落的构成。Paxton 等（2018）比较了新投放的人工鱼礁和已投放 20 年的人工鱼礁，发现礁体刚投放 2 周后周边鱼类主要是浮游生物食性鱼类，但 5 个月后，其鱼类群落组成已与成熟礁体的种类组成相近。

目前，针对人工鱼礁与自然礁在鱼类和大型无脊椎动物群落结构的相似度，以及群落随时间演变方面的研究结论仍不明晰（Folpp 等，2013），而这些信息对于环境条件呈现明显季节变化的温带地区来说尤为重要（Plenty 等，2018）。黄海近岸海域的鱼类群落组成以多年定居性种类（如趋礁性鱼类大泷六线鱼和许氏平鲉）和季节洄游性种类为主（如进入近岸海域产卵或索饵的太平洋鳕和小黄鱼）（Jin 和 Tang，1996；Zhang 等 2016）。在温带沿岸高生产力的海域，鱼类对人工鱼礁生境的利用是否如同自然礁一样，这在很大程度上仍然未知。

本章的研究目标包括：①分析近岸和远岸海域人工鱼礁区底层鱼类和大型无脊椎动物的群落结构特征，阐明它们与邻近自然生境的区别；②查明底层鱼类和大型无脊椎动物群落结构的月份变化规律，分析人工鱼礁区或近远岸海域底层鱼类和大型无脊椎动物群落结构的季节性变化程度。研究假设由于近岸海域人工鱼礁和自然礁结构的相似性，近岸海域的底栖鱼类和大型无脊椎动物的群落结构特征在两种生境间相似；而在远岸海域，由于投放人工鱼礁增加了空间结构的复杂性，与人工鱼礁邻近的自然软底沉积生境相比，人工鱼礁区的鱼类和无脊椎动物丰度和多样性更高。本章还将研究群落结构的时间变化，由于夏季洄游种类出现，假设夏季的生物群落丰度和多样性更高，夏季和冬季的群落种类组成差异最大。

第二节　材料和方法

一、采样方法

2011 年 2 月至 2012 年 1 月间，逐月对俚岛近岸（9～11 m）和远岸（20～30 m）海域的人工鱼礁区和自然生境（对照）分别进行采样。调查期间，在人工鱼礁区和对照区域各设立 3 个调查站位，共计 12 个调查地点（图 5－1），每个站点投放 4 个地笼网，放置约 24 h，对底层鱼类和大型无脊椎动物进行取样[图 5－2（a）]。每个地笼网由 21 个相对较大规格的矩形钢框架组成[图 5－2（b）]，尺寸为 25 cm×40 cm（高×宽），在地笼网两端各有 1 个较小尺寸的钢框架，尺寸为 20 cm×30 cm（高×宽），每两个钢架之间的距离为 25 cm，每个地笼网总长度约为 6.25 m[图 5－2（a）；吴忠鑫等，2012；Zhang 等，2016]，地笼网外覆有网目为 18.5 mm 的网衣。地笼网每两个钢框架之间有一个入鱼口（除两末端外），4 个地笼网连接构成一个采样单元。调查站位由 GPS 定点设置，每个站位在投礁区和邻近自然生境附近布放一个采样单元，采样单元总长度为 25 m。人工鱼礁调查站位的设置信息，一是参考鱼礁投放时的坐标记录，二是通过对人工鱼礁区进行远程水下视频（ROV）原位测量进行站点校准调整。周年调查期间，近岸和远岸海域分别采集 68 个和 65 个样方，在整个采样期间共有 11 个采样样方丢失，其中 4 个丢失于近岸海域（4 月、9 月和 10 月于自然岩礁海域各丢失 1 个，9 月人工鱼礁区丢失 1 个样方）。远岸海域丢失 7 个样方，其中 4 月和 9 月人工鱼礁区各丢失 1 个，自然生境 4 月丢失 3 个，9 月和 10 月各 1 个。地笼网主要捕捞接近或小于地笼网入口尺寸的底层鱼类和底栖动物（Zhang 等，2016），而无法采集中上层渔业生物。采集到的地笼网渔业生物样本装入样品袋记号后，运送回实验室，开展种类鉴定和计数，体重称量精确到 1 g。2012 年 3 月、5 月、8 月和 11 月分别进行季度月环境因子的采集，每个站位分别测量水温（℃）、溶解氧（mg/L）、盐度、pH、透明度、水深（m）和叶绿素 a 水平（mg/m^3），操作方法按照《海洋调查规范》（GB/T 12763.6—2007）第 6 部分“海洋生物调查”中规定的标准进行。

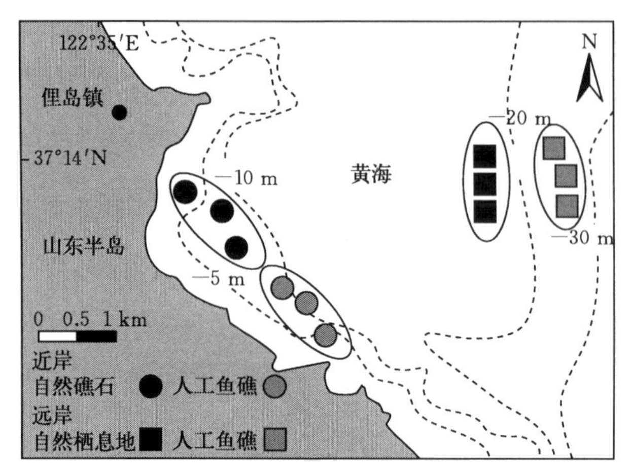

图 5-1 山东半岛俚岛人工鱼礁海域近岸和远岸地笼网采样站位设计图

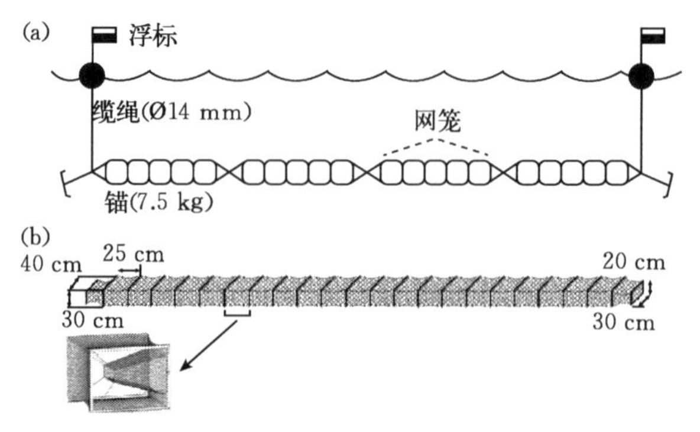

图 5-2 地笼网采样示意图（a）和地笼网结构图（b）

二、数据分析

因为近岸和远岸海域生境差异明显，生态系统的能量流动规律也不同（Wu 等，2016；Wu 等，2019），因此笔者采用 PRIMER v7 分别对近岸和远岸的自然生境和人工鱼礁区群落特征进行统计比较。

1. 多样性的单变量分析

根据底层鱼类和大型无脊椎动物的丰度数据矩阵，采用 DIVERSE 程序（Clarke 和 Gorley，2015）计算物种数量、个体数量和香农多样性指数。同时，根据每个物种的原始生物量数据，利用 DIVERSE 程序计算每个样方的总生物量。4 个多样性单变量分别用于构建近岸和远岸的窗格图（Draftman Plot），直观评估每个变量值是否为偏态分布，以及采取何种类型数据转换可有效降低此影响（Clarke和Gorley，2015）。绘图结果显示，在近岸和远岸海域，个体总数分别需要4次方根和平方根转换，两个水深的总生物量需要进行 $\log_e(x+1)$ 转换。物种总数和香农多样性指数不需要转化。

每个样方中多样性的单变量测量的转换数据用于构建每个水深的欧几里得距离矩阵，对该矩阵进行置换方差分析（PERMANOVA）(Anderson等，2008)，以确定变量值在不同生境（2个水平：人工鱼礁区和自然栖息地）和月份间（12个水平）是否存在显著性差异。在这些检验及后续所有的检验中，如果显著性水平 $P \leqslant 0.05$，则组别之间具有显著性差异。PERMANOVA分析中，每一项变量的相对影响由其均方值的大小及其对总均方值的贡献百分比所决定。

2. 群落组成的初步多变量分析

因为每个样方中底层鱼类和无脊椎动物有丰度和生物量两套数据集，本章首先初步分析两套数据集的变化趋势在统计上是否相似，在相似情况下，只采用丰度数据进行后续的多元统计分析。每个物种的离散加权和平方根转换平均丰度（基本原理见下文）以及近岸海域每月每个物种的 $\log_e(x+1)$ 转换的平均生物量分别用来构建独立的Bray-Curtis相似矩阵。对远岸海域每个物种的丰度和生物量进行相同的处理。近岸和远岸海域的丰度和生物量矩阵分别进行RELATE检验，以确定二者之间是否显著相关（Clarke和Gorley，2015）。如果显著性水平检验 $P \leqslant 0.05$，则拒绝丰度和生物量矩阵间相似度排序中无规律的零假设。检验统计值（ρ）反映了相关性的强度，ρ 值的范围从趋近于0（弱相关性）到趋近于1（接近完美相关性）。结果表明，对于近岸和远岸海域，丰度和生物量数据之间存在显著的相关性（$P=0.001$，$\rho=0.961$；$P=0.001$，$\rho=0.962$）。因此，仅对丰度数据进行进一步的多变量分析。

3. 群落组成的多变量分析

在进行多变量分析前，分别对近岸和远岸样方的丰度数据进行离散加权处理（Clarke等，2006）。离散加权后的数据进行平方根转换，以平衡相对丰富物种的贡献（Clarke等，2014a）。近岸和远岸转换后数据用于构建Bray-Curtis相似矩阵，并进行生境和月份的双因素PERMANOVA分析。若检验表明存在显著性差异或生境和月份间的相互作用，则采用单因素相似性分析（ANOSIM）中的通用标度 R 统计量和差异显著水平来判定差异的大小。

用非度量多维标度排序（nMDS）进行近岸与远岸生境和月份变量对群落组成差异程度影响的可视化。通过计算每对组质心之间的距离来构建可视图，即 Bray - Curtis 相似矩阵所有样本的“Bray - Curtis”空间中的相对平均值(Anderson 等，2008；Lek 等，2011)。近岸和远岸具有显著的月份差异，因此构建了质心矩阵之间的单独距离矩阵，并对其进行了 nMDS 分析，在结果排序图中对每个连续月份的点之间绘制直线。RELATE 程序用于确定群落组成是否以循环的方式发展，即显示全年的物种组成是否呈现有规律的变化。

对每个月份和生境组合的离散加权和平方根转换的丰度数据进行取平均值，用于构建近岸和远岸的阴影图（Clarke 等，2014b）。值得注意的是，月份×生境相互作用和生境的主要效应在近岸和远岸均不显著，但该图的重点是比较自然生境和人工鱼礁中群落组成随时间的变化趋势。阴影图是转换和平均数据矩阵的可视化，其中一个物种的空白区域表明没有记录个体，从灰色到黑色的阴影深度，代表该物种在该月和生境组合中相对丰度的上升。每个生境的月份（图中的 x 轴）按照取样顺序（2 月至翌年 1 月）排列。物种（图中的 y 轴）排序，通过将它们的相似性与线性序列的距离结构进行非参数相关来优化序列统计（ρ），并受到聚类图的约束，也就是将具有相似丰度格局的种类进行分组（Clarke 等，2014a）。

用于构建每个阴影图的转换数据也进行“一致物种分析”（coherent species analysis）（Somerfield 和 Clarke，2013），确定哪些种类丰度随时间变化与其他种类在统计上无区别。这涉及对每个矩阵进行基于组平均链接的层次聚类和采用第三类 SIMPROF 置换过程的相似性特征检验（SIMPROF）（Somerfield 和 Clarke，2013）。通过在阴影图的 y 轴上添加一个聚类树状图，实现“一致的物种群”的可视化。

采用生物-环境分析（BIOENV）（Clarke 等，2014a）和基于距离的线性模拟（DISTLM）（McArdle & Anderson，2001）解析全年群落组成的变化是否与任何一个环境变量或环境变量的组合有关。窗格图分析表明无变量为偏态分布，因此未进行数据转换。

需要注意的是这些数据只是季节性收集，因此对这些数据进行平均，以便在每个季节从每个生境产生单个“样本”（$n=8$；2 个生境和 4 个季节）。分析中，如果 $P\leqslant 0.05$，表明群落和环境数据之间存在显著性差异。正如上述 RELATE 分析一样，ρ 用来衡量 BIOENV 检验的任何显著性匹配的程度。对于 DISTLM 分析，基于 Akaike（1973）信息准则（AICC）采用逐步选择程序和 R^2 值判定总变化的“解释”比例。平均群落数据用于构建 nMDS 图，然后在该图上叠加分段的“气泡”，这些“气泡”在每个季节和生境组合中的大小代表了所选择的一个或多个环境变量。

第三节　结　　果

一、鱼类和大型无脊椎动物的群落结构特征

2011 年 2 月至 2012 年 1 月的逐月调查期间，共采集到 133 个地笼网样方，记录到鱼类（25 种，包括鳐类 1 种）和大型无脊椎动物（9 种）共计 34 种（表 5-1）。大型无脊椎动物主要包括十足目 7 种，八腕目和口足类各 1 种。近岸和远岸海域分别记录到底层鱼类和大型无脊椎动物 23 种和 27 种，近岸海域样方的平均个体数（26 个）和每地笼网的平均生物量（1 120 g）分别高于远岸海域的对应值（18 个和 593 g，表 5-1）。

就丰度而言，许氏平鲉和大泷六线鱼是近岸和远岸海域的优势种类，近岸海域除了许氏平鲉和大泷六线鱼外，斑头六线鱼以及日本蟳的丰度也较高，这 4 个种类分别占到近岸海域总丰度和生物量的 91%和 88%（表 5-1）。远岸海域的优势种主要为葛氏长臂虾、许氏平鲉、大泷六线鱼和方氏云鳚，它们共占个体总数量的 68%。较大个体的种类，如许氏平鲉、大泷六线鱼、长蛸和大头鳕，合计约占远岸海域总生物量的 54%（表 5-1）。对于大头鳕来说，其丰度和生物量的相对贡献差异尤其明显，大头鳕仅占个体总数的 0.34%（排序=16），但却占总生物量的 8.23%（排序=4，表 5-1）。

二、群落结构的单变量分析

1. 近岸海域

双因素 PERMANOVA 分析表明，种类数（S）、个体数（N）、总生物量（B）和香农多样性指数（H'）仅在月份间存在显著差异（表 5-2），但生境以及月份×生境的交互作用均不显著，两种生境间的度量值在所有条件下均相似（图 5-3）。S 和 H'的平均值从 2 月的最小值分别增加到 9 月和 10 月的最大值［图 5-4（a）、图 5-4（c）］。随后，两指数依次下降至 1 月的最低值［2 和 0.6，图 5-4（a）、图 5-4（c）］。N 和 B 的月份变化趋势与 S 和 H'相同，即它们从 2 月的最小值增加到 9 月的最大值，随后至 10 月和 11 月显著下降，到 12 月和次年 1 月到达极低值［1 月 N 和 B 分别为 2.2 和 0.63，图 5-4（b）、图 5-4（d）］。

2. 远岸海域

S、N、B 和 H' 均值在月份间差异显著，而 N、B 均值在生境间，以及生境×月份间也存在显著性差异（表 5-2）。生境在 N 和 B 的均方贡献率中所占的比例高于生境×月份。远岸海域月份间 S 和 H'的均值变化规律与近岸海域相似，S 均值从 2 月和 3 月的低值增加到 4 月至 10 月间的 5～6，H'均值

表 5-1　近岸和远岸人工鱼礁海域鱼类和大型无脊椎动物的丰度、生物量以及各种类的贡献率和排序

物种	目	适温性	近岸海域						远岸海域					
			丰度	丰度占比（%）	排序	生物量	生物量占比（%）	排序	丰度	丰度占比（%）	排序	生物量	生物量占比（%）	排序
斑头六线鱼	鲉形目	CT	10.69	40.68	1	440.57	39.35	1	0.52	2.86	9	27.13	4.58	9
许氏平鲉	鲉形目	CT	5.85	22.27	2	317.63	28.37	2	2.23	12.22	2	139.2	23.48	1
大泷六线鱼	鲉形目	CT	4.97	18.91	3	121.57	10.86	3	2.02	11.04	3	72.6	12.25	2
日本蟳	十足目	WT	2.37	9.01	4	103.09	9.21	4	0.89	4.89	7	32.56	5.49	7
方氏云鳚	鲈形目	CT	0.47	1.79	5	8.04	0.72	11	1.97	10.78	4	28.23	4.76	8
星康吉鳗	鳗鲡目	WT	0.29	1.12	6	32.65	2.92	5	0.54	2.95	8	41.94	7.08	5
褐菖鲉	鲉形目	WW	0.29	1.12	6	5.75	0.51	12	0.02	0.08	24	0.08	0.01	26
日本笠鳚	鲈形目	CT	0.28	1.06	8	18.25	1.63	7	0.11	0.59	14	13.17	2.22	14
斑尾复虾虎鱼	鲈形目	WT	0.19	0.73	9	9.23	0.82	10	1.14	6.23	5	34.55	5.83	6
长蛸	八腕目	WT	0.19	0.73	9	25.4	2.27	6	0.37	2.02	10	56.74	9.57	3
尖吻黄盖鲽	鲽形目	CT	0.15	0.56	11	17.24	1.54	8	0.09	0.51	15	17.32	2.92	12
葛氏长臂虾	十足目	WT	0.13	0.5	12	0.29	0.03	21	6.12	33.53	1	14.41	2.43	13
细纹狮子鱼	鲉形目	CT	0.1	0.39	13	1.4	0.13	15						
黑鲷	鲈形目	WT	0.07	0.28	14	1.09	0.1	17						
梭鱼	鲻形目	WT	0.04	0.17	15	9.4	0.84	9	0.03	0.17	20	3.08	0.52	16
六线鳚	鲈形目	CT	0.04	0.17	15	0.48	0.04	19						
铠平鲉	鲉形目	WT	0.03	0.11	17	0.47	0.04	19	0.03	0.17	20	0.33	0.06	19
花鲈	鲈形目	WT	0.03	0.11	17	1.65	0.15	14						
长绵鳚	鲈形目	CT	0.01	0.06	19	3.08	0.27	13	0.15	0.84	13	23.16	3.91	11
带斑鳚杜父鱼	鲉形目	CT	0.01	0.06	19	0.13	0.01	23	0.05	0.25	17	0.13	0.02	24

（续）

物种	目	适温性	近岸海域						远岸海域					
			丰度	丰度占比（%）	排序	生物量	生物量占比（%）	排序	丰度	丰度占比（%）	排序	生物量	生物量占比（%）	排序
石鲽	鲽形目	CT	0.01	0.06	19	1.18	0.11	16						
高眼鲽	鲽形目	CT	0.01	0.06	19	0.8	0.07	18						
纹缟虾虎鱼	鲈形目	WT	0.01	0.06	19	0.27	0.02	22						
口虾蛄	口足目	WT							1.12	6.15	6	25.3	4.27	10
日本鼓虾	十足目	WT							0.37	2.02	10	1.72	0.29	18
脊腹褐虾	十足目	CT							0.23	1.26	12	0.34	0.06	19
大头鳕	鳕形目	CT							0.06	0.34	16	48.78	8.23	4
泥脚隆背蟹	十足目	WT							0.05	0.25	17	0.22	0.04	21
鲜明鼓虾	十足目	WT							0.05	0.25	17	0.14	0.02	24
孔鳐	鳐形目	WT							0.03	0.17	20	8.01	1.35	15
鹰爪虾	十足目	WW							0.03	0.17	20	0.19	0.03	23
褐牙鲆	鲽形目	WT							0.02	0.08	24	3.08	0.52	16
焦氏舌鳎	鲽形目	WT							0.02	0.08	24	0.25	0.04	21
绒杜父鱼	鲉形目	CT							0.02	0.08	24	0.05	0.01	26
样方总数			68						65					
种类数			23						27					
平均个体数			26						18					
平均总个体重量			1 120						593					

注：近、远岸海域中占总丰度或生物量≥5%的物种以灰色阴影突出显示。CT=冷温种；WT＝暖水种；WW=温水种。

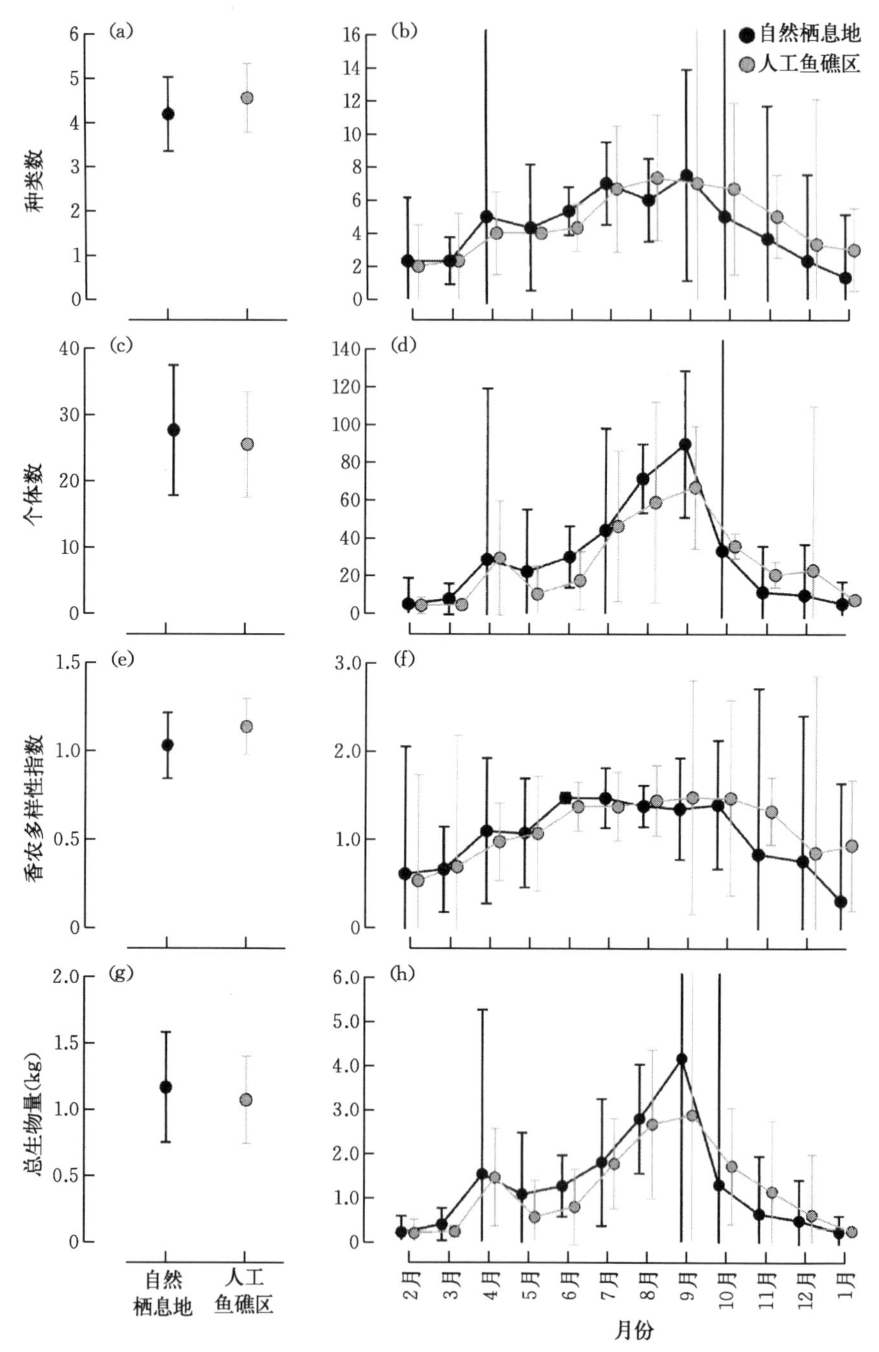

图 5-3　近岸海域生境间以及生境和月份组合条件下鱼类和大型无脊椎动物的种类数（a，b）、个体数（c，d）、香农多样性指数（e，f）和总生物量（g，h）的平均值（95%置信界限）

表 5-2　近岸和远岸海域鱼类和大型无脊椎动物的种类数、个体数、总生物量和香农多样性指数的双因素 PERMANOVA 分析

项目	df	种类数				个体数				总生物量				香农多样性指数			
		MS	MS%	pF	P	MS	MS%	pF	P	MS	MS%	pF	P	MS	MS%	pF	P
近岸海域																	
生境	1	1.41	5.77	0.57	0.481	0.03	1.2	0.09	0.761	0.5	3.5	0.19	0.665	0.14	13.27	0.88	0.37
月份	11	**19.13**	**78.11**	**7.71**	**0.001**	**1.8**	**78.57**	**6.07**	**0.001**	**9.89**	**68.53**	**3.66**	**0.004**	**0.68**	**63.8**	**4.21**	**0.002**
生境×月份	11	1.47	5.98	0.59	0.82	0.17	7.28	0.56	0.834	1.33	9.24	0.49	0.894	0.08	7.78	0.51	0.888
残差	44	2.48	10.13			0.3	12.95			2.7	18.73			0.16	15.15		
远岸海域																	
生境	1	2.04	12.24	1	0.315	**2.02**	**38.19**	**6**	**0.016**	**7.47**	**51.8**	**5.48**	**0.03**	0	0.06	0.01	0.932
月份	11	**9.38**	**56.2**	**4.6**	**0.001**	**1.35**	**25.47**	**4**	**0.001**	**5.26**	**36.48**	**3.86**	**0.005**	**1.16**	**87.72**	**11.58**	**0.001**
生境×月份	10	3.23	19.34	1.58	0.157	**1.58**	**29.97**	**4.71**	**0.001**	**3.77**	**26.14**	**2.76**	**0.011**	0.06	4.64	0.61	0.823
残差	42	2.04	12.22			0.34	6.36			1.36	9.46			0.1	7.58		

注：MS 、MS%、pF、P 分别表示均方、均方贡献率、pF 因子和显著性水平，df=自由度，显著结果（$P\leqslant 0.05$）以粗体突出显示。

增加到1.4～1.6，随后 S 和 H' 的均值显著下降，在1月达到最小值，分别为2和0.2（图5-5）。

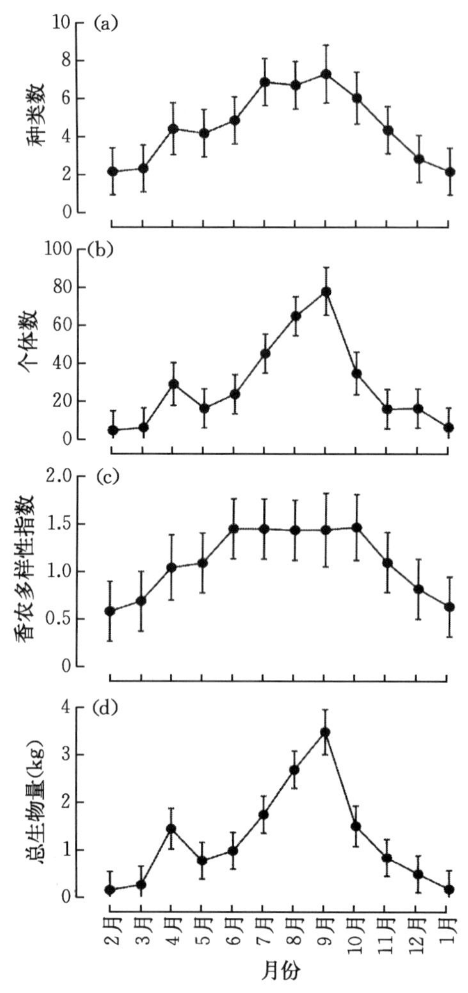

图5-4　近岸人工鱼礁海域鱼类和大型无脊椎动物种类数（a）、个体数（b）、香农多样性指数（c）和总生物量（d）的月份变化

远岸海域人工鱼礁区的 N 和 B 均值显著高于自然生境，即 N 分别是21个和15个，而总生物量分别是640 g和540 g（图5-6）。在12月、1月、2月和3月，人工鱼礁区的 N 均值高于自然生境，而9月和10月的情况正好相反。平均个体数的最大值和最小值均出现在12月，分别为50尾（人工鱼礁区）和2尾（自然生境）。平均生物量在整个月份间和生境中变化不一致，冬季（12月至次年2月）人工鱼礁区的平均生物量要大于自然生境的均值，但在5月至10月间平均值较小。10月在自然生境中记录的B均值最高（1 400 g），而

B 均值最低为 12 月至次年 2 月间自然生境中记录的 200 g。

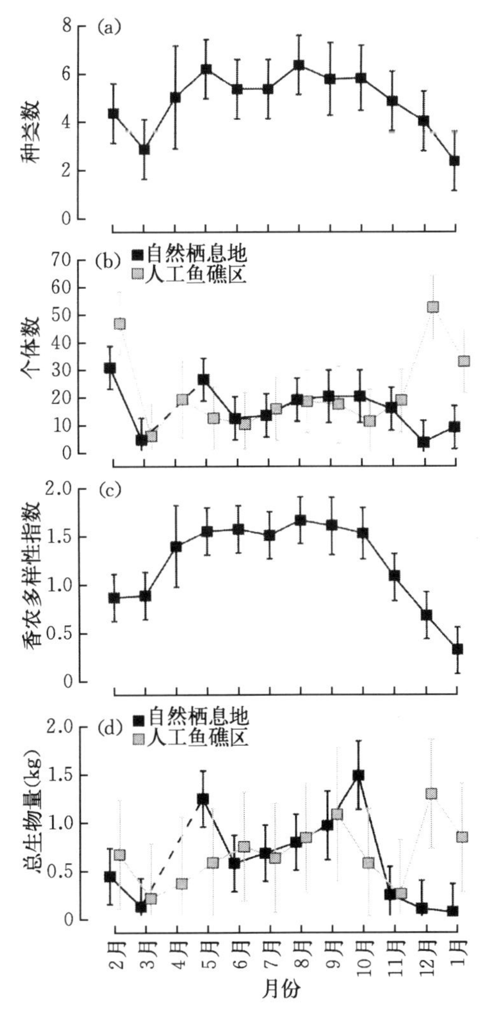

图 5-5　远岸海域鱼类和大型无脊椎动物种类数（a）、个体数（b）、香农多样性指数（c）和总生物量（d）的月份变化

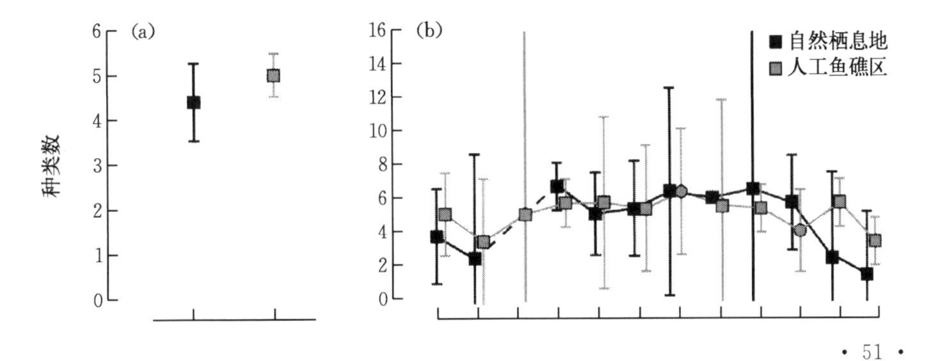

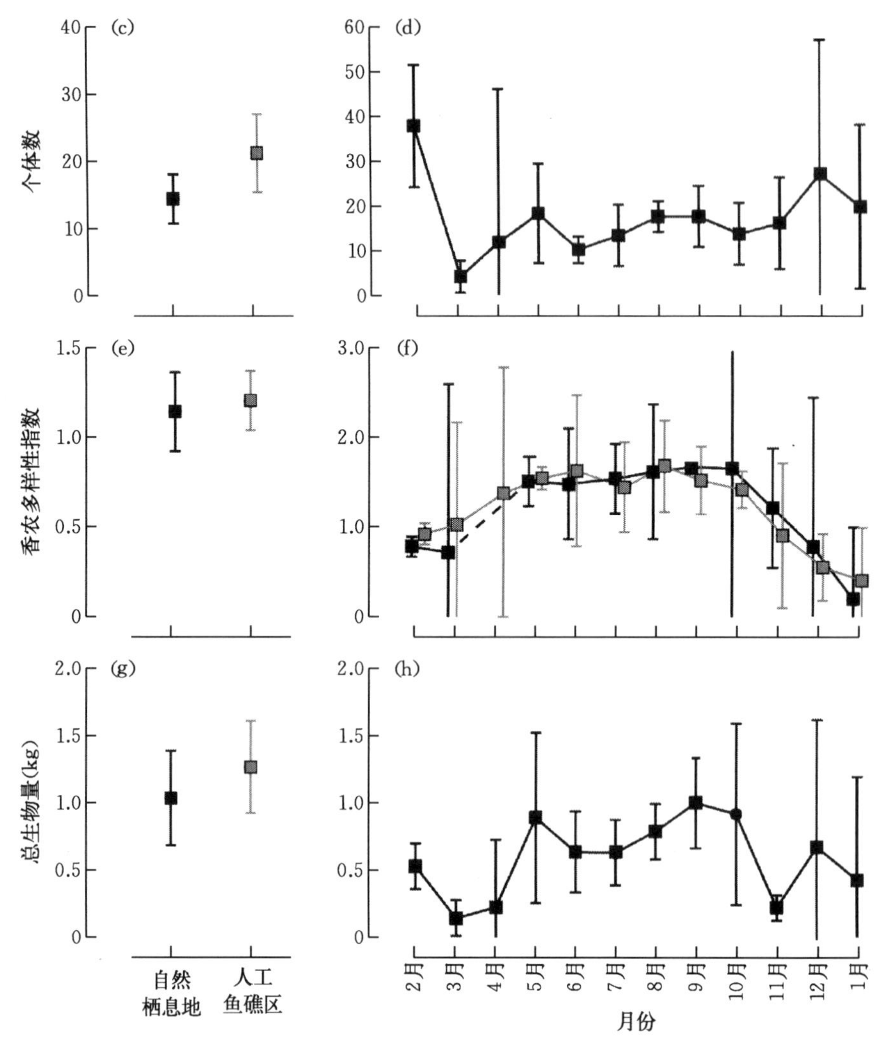

图 5-6 远岸海域生境间以及生境和月份组合条件下鱼类和大型无脊椎动物的种类数（a，b）、个体数（c，d）、香农多样性指数（e，f）和总生物量（g，h）的平均值（95%置信界限）

三、群落组成

1. 近岸海域

双因素 PERMANOVA 分析表明，近岸海域鱼类和大型无脊椎动物的组成月份间变化显著（$P=0.001$），但生境（$P=0.235$）和生境×月份（$P=0.281$）则无显著性差异（表 5-3）。在 nMDS 质心排序图中，人工鱼礁的样方点大致沿着图的中央横轴分散，并与自然礁样方混合，表明生境间没有明显的差异［图 5－7（a）］。当同样的点使用月份编码时，月份间分离明显，12 月至翌年 3 月的点位于图左侧，7 月到 9 月的点分离在图右侧［图 5－7（b）］。RELATE检验表明，不同月份间存在显著且中等强度的循环（$P=0.001$，$\rho=0.476$），连续月份的点基本上以顺时针方式前进［图 5－7（c）］。

表 5－3　近岸和远岸海域鱼类和大型无脊椎动物组成的双因素 PERMANOVA 分析

项目	近岸海域					远岸海域				
	d*f*	MS	MS%	p*F*	*P*	d*f*	MS	MS%	p*F*	*P*
生境	1	1 154	9.7	1.39	0.235	1	1 258	14.8	1.57	0.17
月份	11	**4 358**	**626.5**	**5.23**	**0.001**	**11**	**7 730**	**1 215.4**	**9.67**	**0.001**
生境×月份	11	937	36.9	1.12	0.281	10	1 123	113.6	1.41	0.053
残差	44	833	833			42	800	799.5		

注：MS、MS%、p*F*、*P* 分别表示均方、均方贡献率、p*F* 因子和显著性水平，d*f* 为自由度，显著结果（$P\leqslant0.05$）以粗体突出显示。

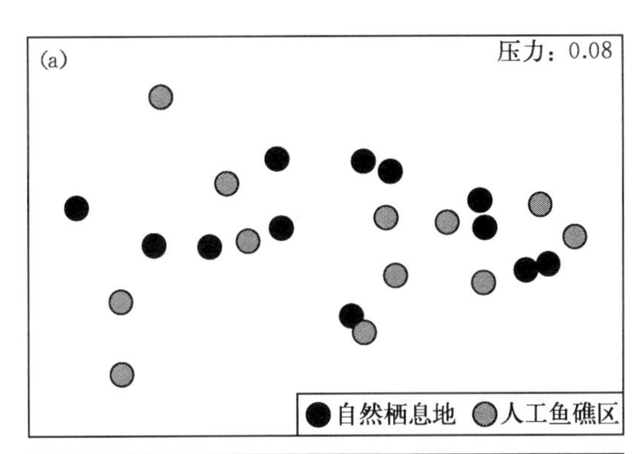

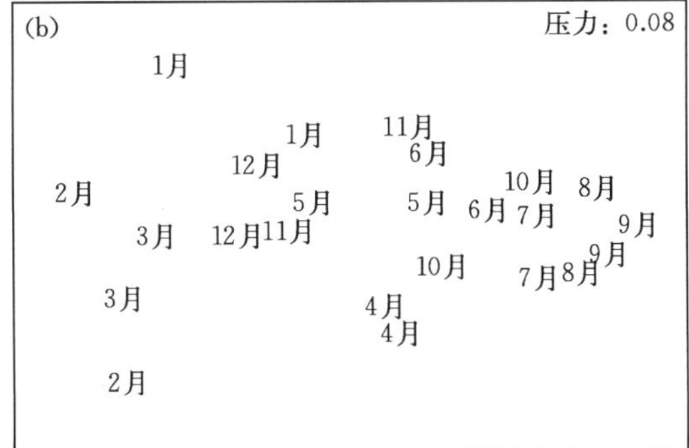

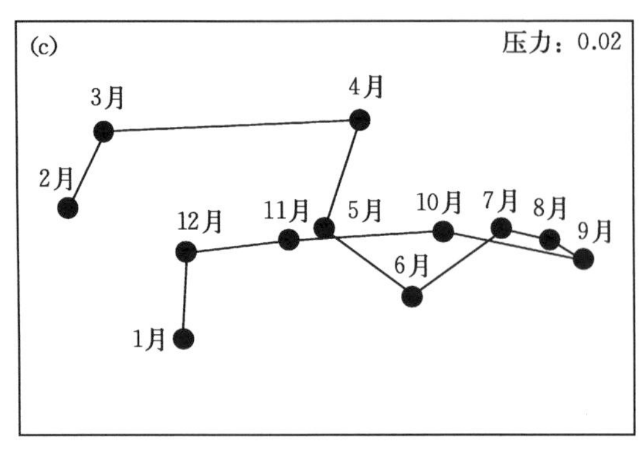

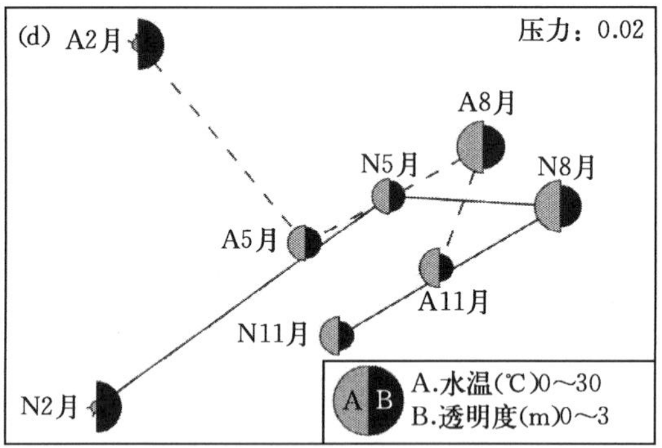

图 5-7　近岸人工鱼礁海域鱼类和大型无脊椎动物群落生境排序（a）、月份排序（b）、连接月轨迹排序（c）季节与优势环境因子组合排序（d）的 nMDS 图

注：不同比例大小“气泡”代表叠加的水温和透明度

单因素 ANOSIM 分析表明，群落组成在月份间不同（$P=0.001$，$R=0.418$），66 个成对比较中有 44 对具有显著性（表 5-4）。成对比较中最大的 R 值多是冬季月份和夏季月份间的比较。相比而言，20 次连续月份的比较中有 13 次（如 7 月和 8 月比较）不显著。

表 5-4　近岸人工鱼礁海域鱼类和大型底栖无脊椎动物群落组成的单因素 ANOSIM 分析结果（*R* 值）

月份	2 月	3 月	4 月	5 月	6 月	7 月	8 月	9 月	10 月	11 月	12 月
1 月	−0.007										
4 月	0.448	0.837									
5 月	0.448	0.554	0.133								
6 月	0.704	0.922	0.837	0.278							
7 月	0.870	0.985	0.672	0.320	0.372						
8 月	0.924	1.000	0.867	0.506	0.644	0.028					

（续）

月份	2月	3月	4月	5月	6月	7月	8月	9月	10月	11月	12月
9月	0.952	1.000	0.994	0.492	0.929	0.139	0.008				
10月	0.755	0.880	0.328	0.064	0.323	0.069	0.165	0.213			
11月	0.339	0.561	0.320	−0.037	0.430	0.504	0.615	0.548	0.115		
12月	−0.070	0.187	0.235	0.076	0.380	0.446	0.570	0.448	0.259	0.009	
1月	0.276	0.465	0.592	0.187	0.517	0.785	0.906	0.893	0.568	0.196	−0.020

注：灰色阴影表示差异不显著（$P>0.05$）。

许氏平鲉是全年12个月份调查中出现在两种生境的唯一种类，在2月和3月，除了自然生境区出现的斑尾复虾虎鱼外，其他种类鲜见，许氏平鲉是此期间的优势种类。到4月以后，除了许氏平鲉外，斑头六线鱼、大泷六线鱼以及方氏云鳚成为4月至次年1月间的优势种类（图5-8）。6月至10月间，包括褐菖鲉、长蛸、星康吉鳗和日本蟳在内的多个种类构成群落的主要部分（图5-8），其他种类如梭鱼和细纹狮子鱼，个别月份也偶有出现。

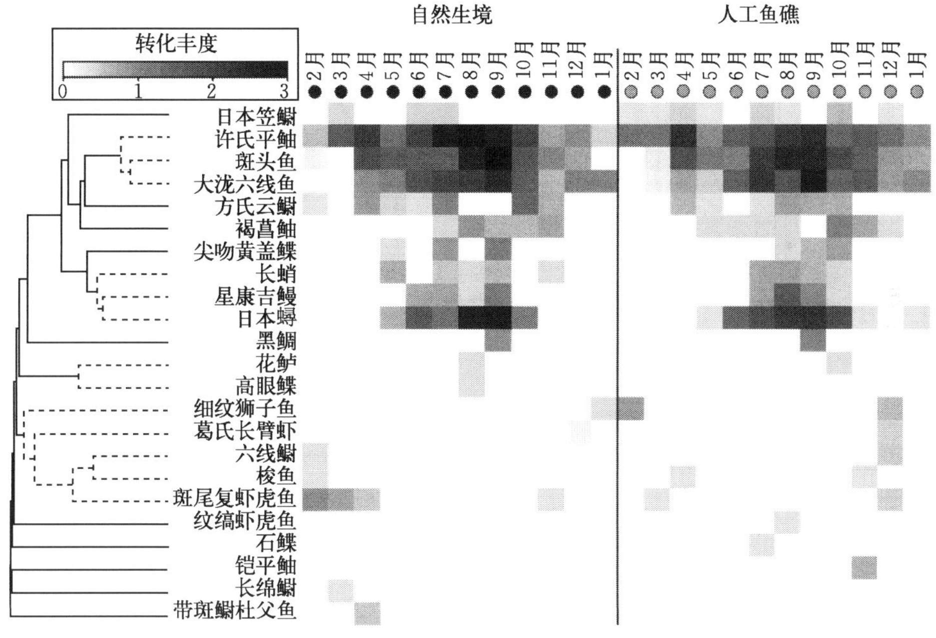

图5-8 近岸海域自然生境和人工鱼礁区鱼类和大型无脊椎群落结构层次聚类阴影图

注：纵向谱系图是通过对Bray-Curtis相似矩阵进行CLUSTER-SIMPROF处理而得到的，该矩阵由每个物种的离散加权和平方根转换丰度构成。连贯的物种群，即在整个月份和生境组合中具有统计上相似的丰度模式，并且与所有其他种群中的物种显著不同的物种群，用灰色虚线表示

BIOENV 分析表明，群落组成的季节变化趋势与表层水温和透明度（$P=0.002$，$\rho=0.579$ 和 $P=0.014$，$\rho=0.416$）相关，而与表层盐度、溶解氧、叶绿素 a 或 pH 无关（$P>0.05$，$\rho=-0.323 \sim 0.096$）。环境变量中，表层温度和透明度组合与群落组成的匹配度最高（$P=0.013$，$\rho=0.748$）。nMDS 图显示，温度从冬季的 1.5 ℃升高至春季和夏季的 12 ℃和 25 ℃，秋季又下降至约 14 ℃，但冬季和夏季的水体透明度（分别为 2.5 m 和 1.7 m）要远远高于秋季或春季（分别为 0.7 m 和 0.9 m）。DISTLM 检验表明，群落组成和表层水温间存在显著相关关系（$P=0.013$，$R^2=0.416$），其解释了变异性的 41.6%。

2. 远岸海域

与近岸海域一样，远岸海域的群落组成月份间变化显著不同（$P=0.001$），但生境间差异不显著（$P=0.170$），生境×月份间的相互作用接近显著（$P=0.053$；表 5-3）。当两个生境的点位交错在一起时（图 5-9），11 月至次年 3 月间的编码形成了一个明显不同于 4 月至 10 月的组（图 5-9）。每个月的点按顺时针排列，并且 RELATE 检验表明存在显著的周期性（$P=0.001$，$\rho=0.551$）。

单因素 ANOSIM 分析表明，不同月份间群落组成差异显著（$P=0.001$，$R=0.674$），几乎所有的月份成对比较差异均显著（表 5-5）。根据阴影图，所有出现的物种被划分为 4 个分组。第一组是几乎各月份都出现的种类组，包括斑尾复虾虎鱼、大泷六线鱼、许氏平鲉和斑头鱼；其次是 5 月至 10 月间资源量较为丰富的种类组，包括星康吉鳗、日本蟳和口虾蛄；第三组是从 11 月到次年 5 月资源量较丰富的种类，包括绵鳚、方氏云鳚和葛氏长臂虾；第四组为偶有被记录的种类，例如尖吻黄盖鲽（图 5-10）。

表 5-5　远岸人工鱼礁海域鱼类和大型底栖无脊椎动物群落组成的单因素 ANOSIM 分析结果（R 值）

月份	2月	3月	4月	5月	6月	7月	8月	9月	10月	11月	12月
3月	0.650										
4月	0.854	0.406									
5月	0.972	0.439	0.708								
6月	1.000	0.646	1.000	0.752							
7月	1.000	0.681	1.000	0.750	0.707						
8月	1.000	0.744	1.000	0.844	0.672	0.280					
9月	1.000	0.389	1.000	0.611	0.683	0.579	0.306				
10月	1.000	0.419	1.000	0.568	0.637	0.640	0.517	−0.044			
11月	0.604	0.637	0.917	0.959	0.996	0.993	0.996	0.996	0.968		
12月	0.609	0.052	0.583	0.630	0.639	0.704	0.765	0.575	0.523	0.420	
1月	0.657	0.461	0.927	0.944	0.987	0.981	0.998	0.992	0.979	0.376	0.107

注：灰色阴影表示差异不显著（$P>0.05$）。

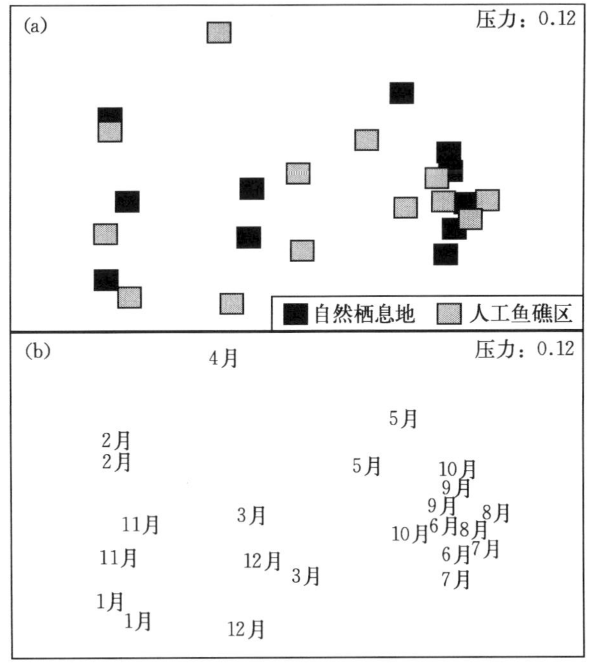

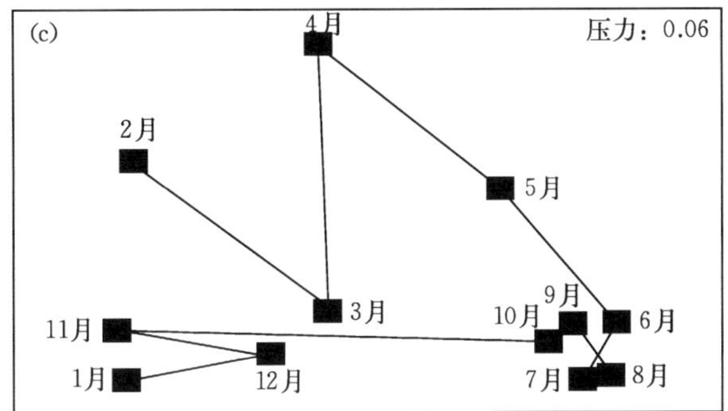

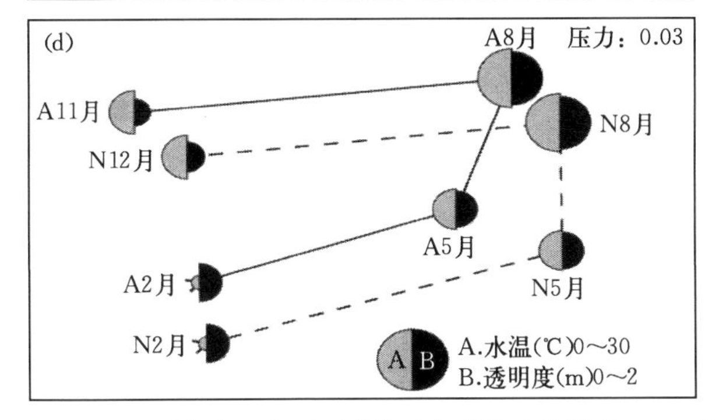

图 5-9　远岸人工鱼礁海域鱼类和大型无脊椎动物群落生境排序（a）、月份排序（b）、连接月轨迹排序（c）、季节与优势环境因子组合排序（d）的 nMDS 图

注：不同比例大小“气泡”代表叠加的水温和透明度

BIOENV 分析表明，远岸海域底层鱼类和大型无脊椎动物群落组成的季节变化与水温和透明度组合最匹配，但这种关系并不显著（P＝0.106，ρ＝0.547），但与透明度（P＝0.031，ρ＝0.373）存在显著的相关关系，而与水温存在近相关关系（P＝0.060，ρ＝0.305）。DISTLM 检验表明，底层鱼类和大型无脊椎动物群落组成与水温存在显著相关关系（P＝0.021 R^2＝0.345），尽管该变量在近岸海域（41.7%）解释的变异性要远远大于远岸海域（34.5%）。

与近岸海域群落相比，远岸海域群落组成与环境因子间存在弱相关性，表明远岸海域群落组成在秋冬季与春夏季的差异显著，与环境数据的变化不一致，例如，尽管冬季和夏季的水温差别很大（分别为 2 ℃和 26 ℃），但在春季和秋季水温相似［分别为 12 ℃和 14 ℃；图 5－9（d)］。海水透明度也是类似情况，与夏季（0.4 m）和秋季（1.4 m）间的显著不同先比，冬季和春季透明度相似（均为 0.7 m）［图 5－9（d)］。

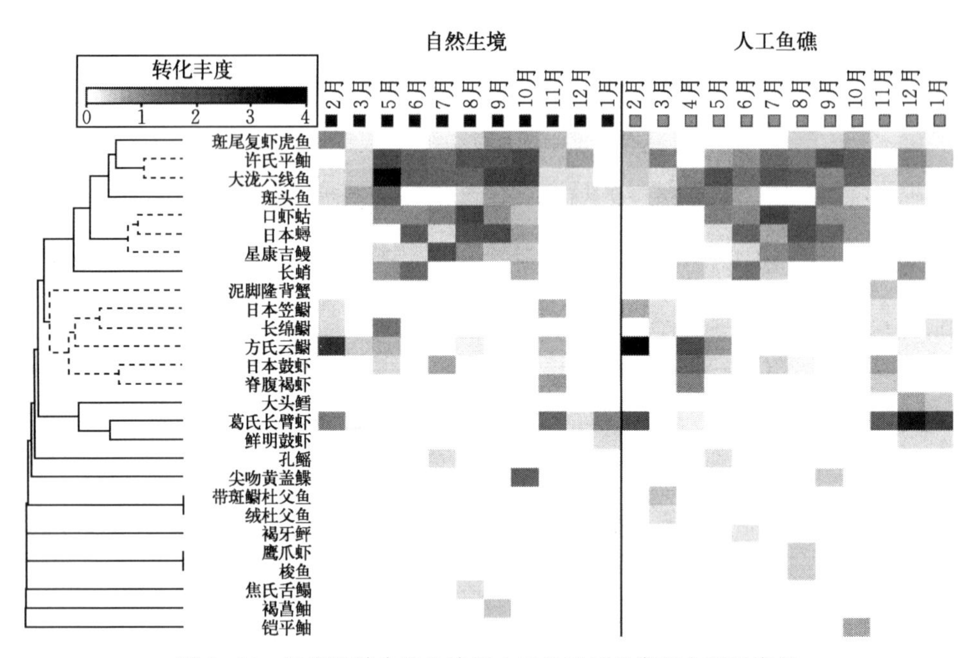

图 5－10　远岸海域自然生境和人工鱼礁区鱼类和大型无脊椎动物群落结构层次聚类阴影图

注：纵向谱系图是通过对 Bray－Curtis 相似矩阵进行 CLUSTER－SIMPROF 处理而得到的，该矩阵由每个物种的离散加权和平方根转换丰度构成。连贯的物种群，即在整个月份和生境组合中具有统计上相似的丰度模式，并且与所有其他种群中的物种显著不同的物种群，用灰色虚线表示

第四节 讨 论

本章研究分析了 2011 年 2 月至 2012 年 1 月周年调查中月份间俚岛人工鱼礁区近岸及远岸海域人工鱼礁和自然生境（自然礁和软沉积物底质）间底层鱼类和大型无脊椎动物群落结构的特征。近岸和远岸海域的物种多样性指标和群落组成均呈现明显的季节变化规律，这主要是由一些季节性洄游种类的变化所致，如星康吉鳗和尖吻黄盖鲽。近岸和远岸的人工鱼礁区及对照自然生境间，未发现群落组成存在显著差异。

一、人工鱼礁区与自然生境的比较

人工鱼礁区和自然生境间的物种多样性指标和群落组成无显著性差异，这表明近岸和远岸海域的鱼类和无脊椎动物可能以相似的方式利用人工鱼礁和自然生境。因此，近岸人工鱼礁和自然礁呈现出相似的多样性格局和群落组成，两种生境间的月份变化规律也一致。人工鱼礁和自然礁群落结构的相似性支持了生境类型之间无差异性的初始假设，这与在我国东海沿岸马鞍列岛（Wang 等，2015）和美国加利福尼亚州远岸海域的研究结果相一致（Ambrose 和 Swarbrick，1989）。针对人工鱼礁及其邻近自然生境间大量群落研究结果发现，鱼礁的规格、年龄、礁体的隔离程度以及结构复杂性都会影响定殖群落的组成（Carr 和 Hixon，1997；Hunter 和 Sayer，2009；Hackradt 等，2011；Gatts 等，2014）。

近岸海域投放的人工鱼礁类型主要是混凝土框架礁和石块礁，这些礁体接近自然岩礁的特征。考虑到斑头六线鱼、大泷六线鱼和许氏平鲉等一些定居性趋礁种类对庇护所的特殊需求，鱼礁特别设计了孔洞结构。由于新投放的人工鱼礁毗邻近岸海域的自然岩礁，这很可能加速了人工鱼礁上底栖动物群落的演替，在鱼礁投放 3～5 年后，人工鱼礁上的生物群落组成已接近于邻近自然礁。

对投放于近岸海域 3 年后的人工鱼礁监测调查发现，礁体上附着的底栖大型藻类群落结构与邻近自然礁的群落结构已高度相似（张磊等，2012）。鱼礁上附着的大型藻类增加了空间异质性并提供了高度多样化的微生境，有利于多种岩礁性生物的共存，同时，大型底栖藻类的初级生产力也可通过牧食营养通道或间接通过碎屑途径为岩礁性生物提供营养来源。例如，海藻床中的端足类、多毛类和短尾类，是礁区鱼类饵料的重要组成部分（Wu 等，2019）。

人工鱼礁投放的时间长短往往会影响与其相关的生物群落结构与组成（Coll 等，1998；Paxton 等，2018）。Scarcella 等（2015）研究指出，人工鱼礁投放后几个月至几年内，与鱼礁相关的生物群落一般会变得稳定，尽管某些情况下，岩礁性鱼类的丰度仍存在明显的年际变化。Becker 等（2018）研究表明，一般情况下，人工鱼礁生物群落可能需要 1～3 年的演替才能达到稳定状态。考虑到当前研究中人工鱼礁投放时间相对较长（3～5 年），以及俚岛近岸海域人工鱼礁和自然礁区鱼类及大型无脊椎动物群落结构和组成的相似性，笔者认为俚岛近岸人工鱼礁生态系统的演变可能已达到一个平衡点，人工鱼礁与自然礁可以实现功能的连通，从而有利于维持近岸海域生态系统的完整性。

远岸人工鱼礁与邻近淤泥底质间的物种数量、香农多样性指数和群落组成没有显著差异，这表明投放在同质化软泥底质的人工鱼礁与邻近底质具有相似的群落属性。这与人工鱼礁相对于软沉积物底质具有更高的多样性和不同的动物群落组成的初始零假设不符，也区别于其他研究报告中的人工鱼礁的物种丰富度高于沙泥基质的结果（Wang 等，2015；Jiang 等，2016）。实际上，以往也有研究指出在沙泥基质投放的人工鱼礁会产生不同的影响，例如，与对照自然礁或软沉积物底质相比，人工鱼礁区具有或高或低的物种丰富度（Bayle - Sempere 等，1994；Kilfoyle 等，2013）。远岸人工鱼礁与邻近底质间群落结构无差异可能归因于研究区域位于海带和扇贝浮筏养殖区（Wu 等，2016），水体上层的活动增加了有机物的输入量和生物沉积的速度，大多数时候表层水体透明度较低，限制了光照和人工鱼礁周围底层水体的初级生产力。此外，远岸海域部分鱼礁出现淤积沉降，减弱了人工鱼礁产生的垂直地形变化幅度，以及空间异质性和复杂性。由于与礁体位置相关的生物物理特征可能会影响鱼礁的可持续性，并最终影响其群落结构，因此选择合适的投放地点至关重要（Brown 等，2014）。

二、群落组成的季节变化

自然生境和人工鱼礁区的底层鱼类和大型无脊椎动物群落特征存在明显的时间差异。例如，夏季和秋季的种类数、总个体数、总生物量和多样性指数高于冬季和春季。在黄海沿岸海域（Jin 和 Tang，1996；Chen 等 2010）、地中海以及日本、巴西、韩国和澳大利亚沿海的人工鱼礁研究中也有类似报道（Fabi 和 Fiorentini，1994；Fujita 等，1996；Godoy 等，2002；Noh 等，2017；Florisson 等，2018）。水温和透明度的变化与近岸海域群落组成的季节性变化相匹配，这与澳大利亚东南部人工鱼礁的研究发现相一致（Becker 等，2018），这可能与水温主要影响鱼类洄游和移动有关。

自然礁和人工鱼礁群落组成的时间变化规律主要受个别鱼类洄游和补充的影响。本研究显示，与秋末和冬季的冷温水相比，在春末至初秋（5 月至 11

月）的暖温水季节，群落的种类组成特征不同。在春季和夏季，暖水种和暖温种，如星康吉鳗和黑鲷，从黄海的越冬深水区洄游至近岸海域（Li 等，2018）。当秋季表层水温降低时，冷温种逐渐取代暖温种。例如，冷温性底层鱼类大头鳕每年 12 月至翌年 1 月间洄游到俚岛近岸海域产卵繁殖，该种类成为远岸海域年平均生物量第四的种类。

人工鱼礁区一些季节性短暂居留鱼类的出现表明，它们很可能在某种程度上利用了这些人工生境。理解洄游性鱼类和人工鱼礁间的相互作用对于渔业资源的养护和管理特别重要，特别是对于幼鱼而言，研究发现，在葡萄牙南部，人工鱼礁充当了几种重要商业鱼类的育幼场（Leitão 等，2008）。自 2005 年以来，韩国启动渔业重建计划（Lee 和 Rahman，2018），实施了人工鱼礁建设和增殖放流相结合的渔业资源增殖举措，类似实践在我国沿海也广泛实施，特别是对于一些趋礁性鱼类如日本黄姑鱼和黑鲷等（梁君等，2010）。Lv 等（2011）于 2010 年 7 月在俚岛人工鱼礁区进行了牙鲆标记放流实验，结果表明，放流后的 4 个月，牙鲆放流群体仍然栖息于人工鱼礁区内，这表明某种程度上放流鱼类受益于人工鱼礁。除此之外，人工鱼礁和增殖放流实践结合已在西南澳大利亚鲍（*Haliotis laevigatus*）牧场的建设中获得成功（Greenwell 等，2019；Taylor 等，2017）。

由于地笼网易于操作，且主要用于捕捞人工鱼礁附近定居的底层游泳生物（Zhang 等，2016），本章中采用地笼网作为采样网具。在澳大利亚东南部，针对大型人工鱼礁单体（礁体高 12 m）开展的一项对底层和中上层生物的长期监测研究表明，垂直方向上底层和中上层会产生差异化的鱼类群落（Becker 等，2016），由于地笼网不能有效地对中上层鱼类进行采集，建议今后使用流网、拖网或定置网以及水下视频系统（有或无诱饵）等辅助方法采集，以更好地了解人工鱼礁对中上层种类的影响。

第六章 鱼类群落功能多样性的时空变化

第一节 引　言

人工鱼礁投放到海中后，使周围海域的流场、底质地形、光、声、味等非生物环境发生变化，这种变化又引起生物环境的变化，使鱼礁海域的生物量增加，尤其是对鱼类生物多样性在内的群落结构的影响，是人工鱼礁生态效应的主要体现。

功能多样性是指影响生态系统功能的物种性状的数值、范围和分布，也称功能性状多样性，其作为研究生物群落和生态系统的重要指标近年来日益为国内外研究学者所重视。功能多样性是联系生物多样性和生态系统功能的关键因素，群落功能多样性的量化描述对于研究生物多样性响应环境变化及其对生物多样性-生态系统功能关系的影响至关重要。

本章是在前一章对俚岛人工鱼礁区鱼类生物多样性时空动态研究的基础上，基于同期获取的鱼类生物学数据，通过选取反映种群功能特征的功能性状，运用功能多样性指数和特征加权平均数指数，研究俚岛近岸水域四季间以及人工鱼礁区和对照区的鱼类群落功能多样性的时空变化特征，从功能多样性的角度研究人工鱼礁海域鱼类生物多样性，有助于深入理解人工鱼礁建设后引起的环境变化对鱼礁区鱼类生物多样性的影响，更好地理解人工鱼礁诱集和增殖鱼类的机制。

第二节 材料和方法

一、功能性状

本章选取 9 个功能性状，并将选取的鱼类功能性状划分成 3 个功能类别——摄食、运动、生态适应性，其中摄食功能包括食性、口位、口的相对大小、营养级。食性又分为植物和底栖生物食性、浮游和底栖动物食性、底栖生物食性、底栖和游泳动物食性等。口位（即口的位置）的划分按照软骨鱼类和硬骨鱼类分别进行，软骨鱼类口的位置通常在头部的腹面（口腹面），硬骨鱼类则分为口上位、口端位和口下位（陈大刚等，2015）。口的相对大小是依据口裂末端相对于眼距离，分为小、较小、中等、较大和大（Ríos 等，2019）。营养级判定主要依据本区域进行的鱼类碳氮稳定同位素值估算。

运动类别包括鱼类与礁体的关系、洄游类型、体形和最大体长。根据鱼类相对礁体的栖息水层，将鱼类划分为三种类型：Ⅰ型鱼类，身体部分或大部分接触鱼礁的鱼类；Ⅱ型鱼类，不接触鱼礁但在其周围栖息活动的鱼类；Ⅲ型鱼类，鱼类离开鱼礁，在鱼礁上方游动（Nakamura，1985）。洄游类型分为定居型、沿岸型、近海型和外海型（唐启升等，1990）。虽然鱼类的体形非常复杂，但通过体轴的变化可以将其分为：侧扁形，平扁形，鳗形，亚圆柱形，细长形，带形，前部宽边、后部侧扁形等（陈大刚等，2015）。最大体长信息通过测量研究区域渔获物体长信息获取或参考黄渤海的历史调查资料（陈大刚等，2015）。生态适应性由适温性构成，可划分为冷温性、暖温性、暖水性。

各性状指标所占权重相等（表 6-1），功能性状的变量类型亦有连续和分类两大类，连续变量有营养级和最大体长。分类变量又细分为无序变量（体形）和有序变量（其余性状）。参考文献资料和世界鱼类数据库（FishBase），获得各功能性状指标的取值和变量类型，并以此计算功能多样性指数。各鱼类功能性状的确定皆遵循同一区域的就近原则，即在山东俚岛人工鱼礁区区域资料数据出现缺失时，便以其相邻海域（黄渤海）替代，并参考最新文献资料。另外，鱼类的洄游类型、体形等性状不随时间的变化而变化，因此该研究选取的功能性状及其取值可以反映山东俚岛人工鱼礁区鱼类群落功能多样性的时空变化。各鱼类的功能性状详见表 6-2。

二、功能多样性指数

功能丰富度指数（Functional Richness）用来衡量一个物种占据生态位空间的多少，而功能丰富度不仅取决于功能性状值的范围，还取决于物种所占据的功能生态位（Mason 等，2005）。功能丰富度指数低，表明有潜在资源未被充分利用，从而使群落生产力降低（Owen 等，2003），但是物种丰富度的降低不一定会导致功能多样性的降低（Sébastien 等，2012）。功能丰富度指数（FRic）计算方法：首先，找出具有极端性状极值的物种，将其作为 n 维性状特征空间中最小凸边形的端点；然后，连接各端点形成最小凸多边形；最后，计算最小凸多边形面积（Sébastien 等，2008）。

$$FR_{ic}=\frac{SF_{ic}}{R_c}$$

式中：SR_{ic} 指群落中物种所占据的生态位，R_c 指特征值的绝对值。

功能均匀度指数（Functional Eveness，FEve）是群落内物种功能性状在生态位空间分布的均匀程度，用来表现群落物种对有效资源的利用效率（Mason等，2005），用多维功能均匀度指数（FEve）表示。计算方法：首先，计算出所有成对物种间的距离；然后，根据每个物种丰度的权重聚类，得到多维性状空间内的最小生成树；最后，测量最小生成树分支长度的均匀性（Sébastien等，2008）。当物种多度分布不均或物种间功能距离不均时，其数值会减小。

功能离散度指数（Functional Divergence，FDiv）是测量鱼类群落功能性状的多度分布在性状空间中的最大离散程度（Mason等，2005），用多维功能离散度指数（FDiv）表示，也利用最小凸多边形的面积来计算（Sébastien等，2008）。

三、数据处理

鱼类群落功能多样性指标采用R语言中FD程序包进行计算，采用单因素方差分析功能多样性指数的季节差异性，应用独立样本 t 检验（$\alpha=0.05$）进行鱼礁区和对照区功能多样性的空间差异分析，图件绘制采用R语言中ggplot2程序包。

表6-1　功能性状分类标准及其所含类型

功能类别	功能性状	功能性状所含类型
摄食	食性类型（唐启升等，1990；韦晟等，1992）	植物和底栖生物食性、浮游生物食性、浮游和底栖动物食性、底栖生物食性、底栖和游泳动物食性、游泳动物食性
	口的位置（陈大刚等，2015；刘静等，2015）	口腹面、口下位、口端位、口上位
	口的相对大小（陈大刚等，2015；刘静等，2015）	较小、小、中等、较大、大
	营养级	连续变量，范围：2.0～5.0
运动	与鱼礁的关系（Nakamura，1985）	Ⅰ型鱼类、Ⅱ型鱼类、Ⅲ型鱼类
	洄游类型（唐启升等，1990；刘静等，2015）	定居型、沿岸型、近海型、外海型
	体形（陈大刚等，2015）	纺锤形，侧扁形，平扁形，鳗形，亚圆柱形，细长形，带形，前部宽扁、后部侧扁形
	最大体长（陈大刚等，2015；刘静等，2015）	连续变量，范围：10.0～200.0
生态适应性	适温性（刘静等，2011）	冷温性、暖温性、暖水性

表 6-2　山东俚岛人工鱼礁海域鱼类功能性状

种类	食性	口的位置	口的相对大小	营养级	洄游类型	与礁体的关系	体形	最大体长	适温性
孔鳐	B-N	腹面	小	3.2	沿岸	Ⅱ	3	57	CT
星康吉鳗	B-N	下位	较大	3.8	近海	Ⅰ	4	100	T
大头鳕	N	端位	较小	4.2	沿岸	Ⅱ	2	119	CT
梭鱼	H-B	下位	小	3.1	沿岸	Ⅱ	6	80	WW
花鲈	N	上位	中等	4.4	沿岸	Ⅱ	2	102	T
黑鲷	B	端位	较小	3.6	沿岸	Ⅰ	2	50	WW
方氏云鳚	P-B	端位	中等	2.9	沿岸	Ⅰ	9	30	CT
六线鳚	B-N	端位	较小	3.3	定居	Ⅰ	10	15	CT
繸鳚	B	端位	中等	4	定居	Ⅰ	9	55	CT
长绵鳚	B	下位	较小	3.4	沿岸	Ⅰ	9	30	CT
斑尾刺虾虎鱼	B	端位	较大	3.5	定居	Ⅰ	10	43	T
纹缟虾虎鱼	B	端位	较大	2.2	定居	Ⅰ	4	11	T
许氏平鲉	B-N	端位	较小	3.7	定居	Ⅰ	2	65	CT
铠平鲉	B	端位	较小	3.7	近海	Ⅰ	2	16	T
褐菖鲉	B	端位	中等	3.6	定居	Ⅰ	2	36	T
斑头鱼	B	端位	小	3.6	定居	Ⅰ	2	24	CT
大泷六线鱼	P-B	端位	小	3.8	近海	Ⅰ	2	25	CT
绒杜父鱼	N	上位	较大	4.3	沿岸	Ⅰ	10	35	CT
带斑鳚杜父鱼	B	上位	较小	4.1	沿岸	Ⅰ	2	12	CT
细纹狮子鱼	B-N	端位	较小	3.3	沿岸	Ⅱ	10	47	CT
褐牙鲆	N	端位	中等	4.5	沿岸	Ⅱ	5	103	T
高眼鲽	B-N	端位	中等	3.4	沿岸	Ⅱ	5	47	CT
尖吻黄盖鲽	B	端位	小	3.5	沿岸	Ⅱ	5	50	CT
石鲽	B	端位	小	3.4	沿岸	Ⅱ	5	30	CT
焦氏舌鳎	B	下位	小	4.3	沿岸	Ⅱ	5	24	T

注：H-B 为植物和底栖生物食性；P 为浮游生物食性；P-B 为浮游和底栖动物食性；B 为底栖生物食性；B-N 为底栖和游泳动物食性；N 为游泳动物食性。CT 为冷温性；T 为暖温性；WW 为暖水性。2 为侧扁形；3 为平扁形；4 为鳗形；5 为不对称形；6 为亚圆柱形；9 为带形；10 为前部宽扁、后部侧扁形。

第三节 结果与分析

一、鱼类群落功能多样性的季节变化

山东俚岛近岸水域鱼类群落功能多样性的季节变化如图 6-1 所示，从图中可以看出 3 种功能多样性指数具有明显的季节变化。单因素方差分析表明，功能丰富度指数季节间差异显著（$P=0.015$），秋季最高，其次为夏季，冬季和春季相对较低；功能均匀度指数季节间差异不显著（$P=0.694$），夏季和冬季相对较高，春季和秋季相对较低；功能离散度指数在季节间差异明显（$P<0.001$），冬季最高，夏季次之，春季和秋季较低。Turkey's 多重比较处理表明，秋季和冬季间、夏季和秋季间功能离散度指数差异显著（$P<0.05$）。

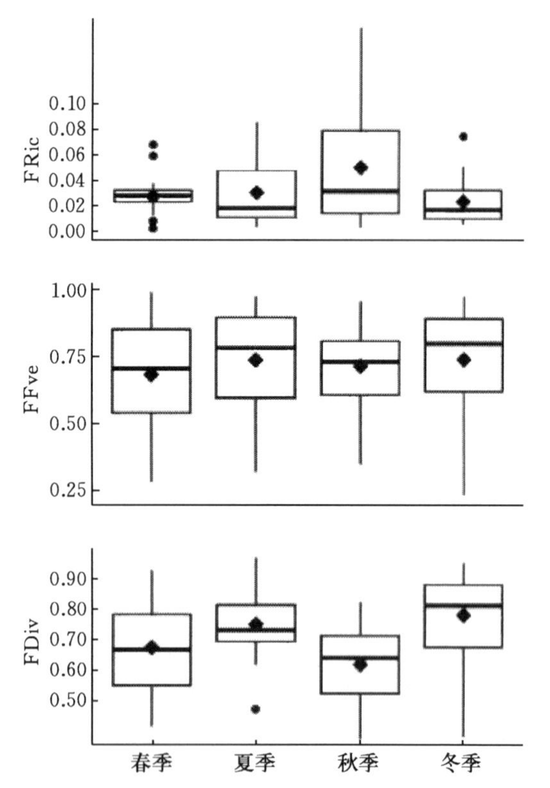

图 6-1 俚岛人工鱼礁海域鱼类群落功能多样性的季节变化

注：◆代表均值，下同

群落特征加权平均数指数反映了俚岛近岸水域鱼类优势种性状的季节变化特征。由图 6-2 可知，摄食功能方面优势种主要为底栖生物食性以及底栖和游泳动物食性，口端位，口的相对大小为小和较小。夏季营养级最高，冬季最低，春、秋季相近。运动功能方面，优势种主要为近海洄游型和定居型，夏季和冬季鱼类优势种最大体长较长，春季和秋季则较短；与礁体的关系方面，一年中身体部分或大部分接触鱼礁的鱼类占优势，体形以侧扁形和带形为主。从生态适应性来看，冷温性种类为全年的优势种，部分暖温性种类在夏、秋、冬三季为优势种。

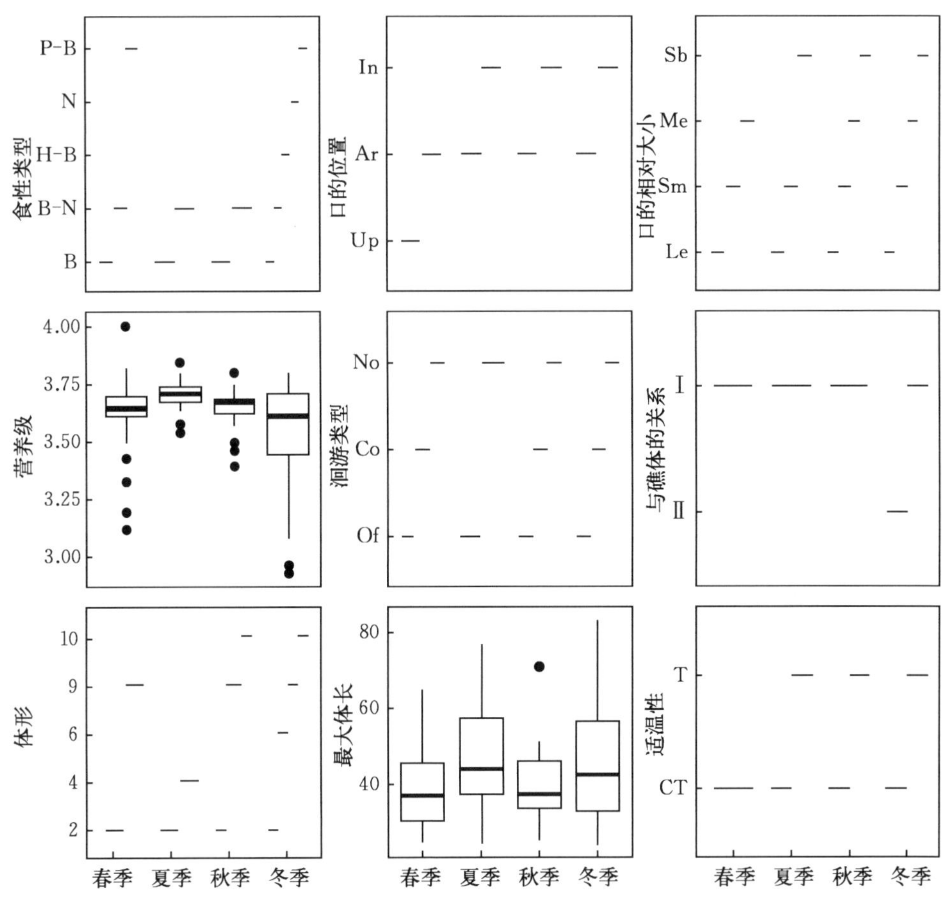

图 6-2　俚岛人工鱼礁海域鱼类群落特征加权平均指数的季节变化

Ar. 口端位　Up. 口上位　In. 口下位　Sb. 较大　Me. 中等

Sm. 小　Le. 较小　No. 定居型　Co. 沿岸型　Of. 离岸型

二、鱼类群落功能多样性的空间比较

人工鱼礁区与对照区鱼类群落功能多样性的空间变化如图 6-3 所示，近岸人工鱼礁区功能丰富度指数略高于自然礁区，但差异不明显（$P<0.05$）；

功能均匀度指数，人工鱼礁区高于对照区，但差异不显著；功能离散度指数皆是人工鱼礁区较高。独立样本 t 检验表明，远岸人工鱼礁区与泥底生境的功能丰富度指数、功能均匀度指数和功能离散度指数均无显著性差异（$P>0.05$）。

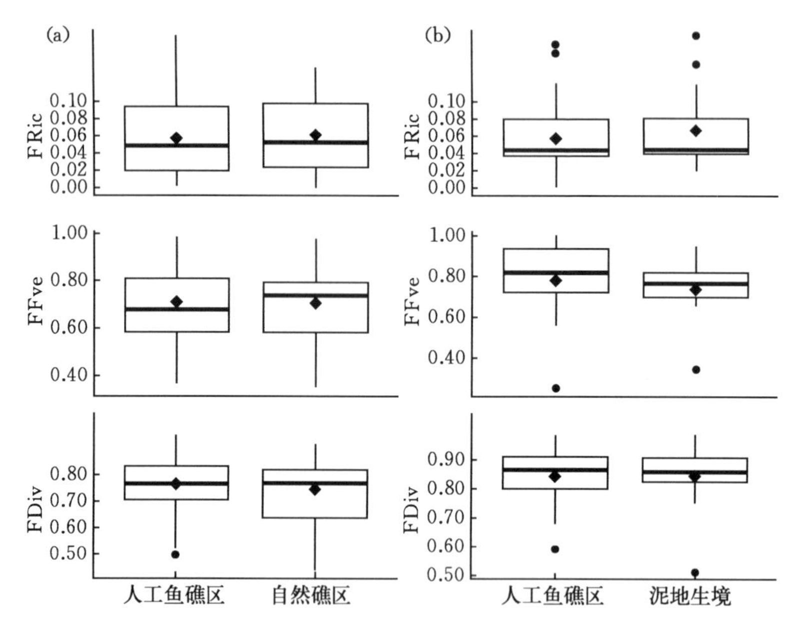

图 6－3　俚岛近岸（a）和远岸（b）海域人工鱼礁区与对照区鱼类群落功能多样性指数的空间变化

人工鱼礁区鱼类与对照区鱼类优势种的性状存在空间上的变化。近岸人工鱼礁区，摄食功能方面，优势种食性以底栖生物食性、底栖和游泳动物食性为主，自然礁区部分优势种为植物和底栖生物食性，口较大；人工鱼礁区和自然礁区优势种均为口端位；人工鱼礁区优势种的营养级较高。运动功能方面，人工鱼礁区和自然礁区优势种都有较强的洄游能力，以定居型和离岸洄游型为主，与鱼礁的关系中不接触鱼礁却在鱼礁周围活动的鱼类占优势；人工鱼礁区和自然礁区鱼类优势种体形以侧扁形为主，自然礁区部分优势种为亚圆柱形和前部宽扁、后部侧扁形，且最大体长较长。生态适应性方面，近岸人工鱼礁区与对照区优势种均以冷温性种类为主，自然礁区部分以暖水性种类为主（图 6－4）。

远岸水域，摄食功能方面，人工鱼礁区部分优势种为游泳动物食性；口的位置为口上位；人工鱼礁区与对照区优势种口的相对大小种类比较全；人工鱼礁区鱼类营养级高于泥底生境。远岸人工鱼礁区与对照区优势种在运动功能方面无差异，最大体长也接近；生态适应性方面，人工鱼礁区与泥底生境优势种均为冷温性和暖温性种类（图 6－4）。

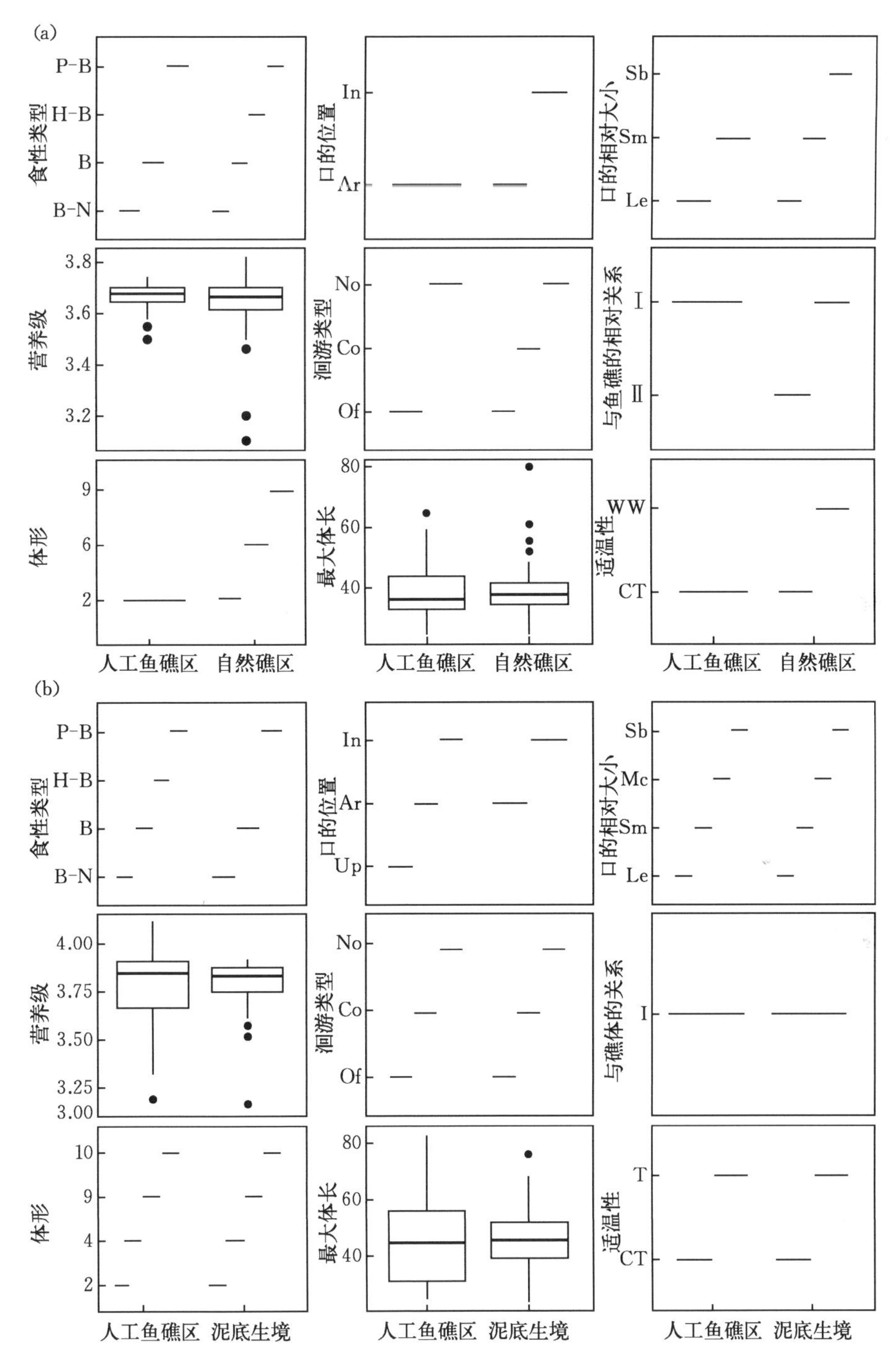

图 6-4　俚岛近岸（a）和远岸（b）海域人工鱼礁区与对照区鱼类群落特征的空间变化

注：图中字母缩写含义同图 6-2

第四节　讨　　论

一、功能多样性的季节变化

功能多样性指数分析表明，俚岛人工鱼礁区鱼类群落功能多样性指数呈现出一定的季节变动规律，这在一定程度上反映了俚岛人工鱼礁区鱼类群落的物种组成和数量分布随季节变化。秋季的鱼类群落功能丰富度指数均值更高，而夏季功能丰富度指数均值低于秋季，说明夏季俚岛近岸鱼类在功能性状组成上更相似，群落中潜在的有效资源未被完全利用（Mason 等，2005），而冬、春季节的功能鱼类群落功能丰富度指数总体上低于夏、秋季节。这也支持了鱼类群落调查的结果，俚岛人工鱼礁海域的鱼类群落主要由定居性种类和季节洄游性种类组成，夏秋季节的种类在组成上更相似，以从黄海深水区洄游至近岸水域的暖水种和暖温种为主。当秋季表层水温降低时，冷温种逐渐取代暖温种。由于冬、春季节近岸水温低，近岸水域种类数少，以冷水种为主，因此冬、春季鱼类群落功能丰富度指数低，鱼类群落种类组成也更相似（Wu 等，2019）。

功能均匀度指数方面，夏秋季更高，反映出夏冬季俚岛人工鱼礁区鱼类群落内物种功能性状在生态位空间分布的均匀程度较好。春、秋季的功能离散度指数低，表明春、秋季鱼类优势种接近性状重心，春、秋季鱼类有着更强的生态位空间重叠效应，物种间资源竞争激烈；夏、冬季鱼类优势种则处于性状空间的边缘，群落间生态位分化程度高，各鱼种对现有资源利用充分（Mason 等，2005）。

群落特征加权平均数指数分析表明，俚岛人工鱼礁区鱼类群落功能性状随季节变化而变化，这反映了俚岛人工鱼礁区内鱼类优势种的动态变化，人工鱼礁区鱼类群落的功能多样性受温度和人工鱼礁区环境的影响，即能适应鱼礁区的鱼类成为优势种，而不适应的则减少甚至被淘汰（Mouillot 等，2007）。摄食功能方面，一年中优势种均以底栖生物食性以及底栖和游泳动物食性种类为主，春季部分优势种为浮游和底栖动物食性，冬季则多了部分游泳动物食性以及植物和底栖生物食性的优势种；营养级亦有一定的季节波动，夏季营养级升高达到最大值，秋季开始下降，到冬季则为一年中最低值。运动功能方面，俚岛人工鱼礁区鱼类群落因季节变化会进行近远岸间的洄游，在与礁体的关系方面，优势种也多为接触鱼礁的岩礁性鱼类，也存在部分不接触鱼礁却在其周围生活游动的优势种鱼类。体形变化较多，一年中优势种体形均以侧扁形为主，春季部分优势种为带形；夏季部分优势种为鳗形；秋季相比春季，多了前部宽边、后部侧扁形的优势种；冬季则比秋季多了亚圆柱形的优势种。最大体长存在一定季节波动，优势种最大体长在春季为最小值，夏季最大体长有所增加，秋季又减少，而到了冬季则又有增加，达到了与夏季大致相等的水平。生态适应性方面，俚岛人工鱼礁区春季水温较低，夏、秋季则较高，优势种因水温变化会进行更迭，即从冷温性鱼类更迭为暖温性鱼类，这与本章的研究结果相符（殷名称，1995；Diaz 等，2001）。

二、功能多样性的空间变化

近岸人工鱼礁区与自然礁区功能多样性指数无显著性差异，分析表明，摄食功能、运动功能以及生态适应性方面人工鱼礁区与自然礁区无明显区别。近岸人工鱼礁区鱼类群落的功能丰富度指数低于对照区，这表明人工鱼礁区鱼类在功能性状组成上相似，群落内的资源未被有效利用。近岸人工鱼礁区相较于自然礁区，其功能均匀度指数更高，说明人工鱼礁区内鱼类群落分布均匀，对资源的利用较好。功能离散度指数方面，人工鱼礁区高于对照区，说明人工鱼礁区鱼类群落生态位分化程度高，种间竞争不太激烈，离性状重心远。

分析表明，人工鱼礁区和对照区鱼类群落功能性状存在空间上的差异。近岸人工鱼礁区食性不如自然礁区丰富，口的相对大小也较小，体形比较单一，最大体长较小，但人工鱼礁区鱼类的营养级却高于自然礁区。考虑到当前研究中人工鱼礁的投放时间相对较长（3～5 年），以及近岸水域人工鱼礁和自然礁体群落功能多样性指数的无差异性，推测俚岛近岸人工鱼礁区底层鱼类群落结构和功能已接近于自然礁，人工鱼礁生态系统可能已达到一个平衡点，这将有助于人工鱼礁与自然礁的功能连通，减缓近岸水域自然栖息地丧失。

远岸人工鱼礁与邻近自然泥底生境间功能多样性指数无显著性差异，这与群落结构的研究结果相同，可能是由于研究区域位于海带和扇贝浮筏养殖区（Wu 等，2016），远岸水域投放的鱼礁结构设计高度相对较低，从而引起的地形变化幅度也较弱。另外，淤积沉降在一定程度上影响了人工鱼礁的生态效能。远岸人工鱼礁区相较于邻近泥底生境，其功能均匀度指数低，说明远岸水域底层鱼类群落分布更均匀，对资源的利用较好。分析表明，远岸人工鱼礁区相较于泥底生境，除了最大体长小于泥底生境，其余功能性状皆等于或优于泥底生境，表明人工鱼礁区比泥底生境有着更稳定的群落组成。

第七章 三种同域分布的鲉科鱼类的食物资源分化

第一节 引 言

相近鱼类在同一栖息地的共存得益于食物、栖息地和繁殖时机等资源在不同维度的分化（Pianka，1973；Schoener，1974；Ross，1986）。其中，食物资源的分化降低了鱼类种间的竞争力，被认为是温带和热带海洋鱼类群落构建中最重要的因素（Helfman，1978；Schoener，1983；Ross，1986；Linke 等，2001；Lek 等，2011）。解析鱼类间的营养关系或食物资源分化，可以更好地理解种类间的相互作用关系，预测环境变化或人为扰动的响应。

复杂和多孔洞设计的人工鱼礁投放于不同海洋生态系统中，为岩礁性鱼类提供了异质空间，起到诱集和增殖这些目标生物的功能（Garcıá－Charton 等，2004）。三种鲉科鱼类（斑头鱼、大泷六线鱼和许氏平鲉）是俚岛人工鱼礁海域底层鱼类群落的优势种，其生物量占调查区域地笼网渔获物组成的 80%以上（Wu 等，2012）。由于在海藻床、岩礁和人工鱼礁中的资源量丰富，这三种鲉科鱼类是我国北方以及韩国和日本沿海休闲渔业和商业捕捞渔业的重要捕捞对象（Kikuchi，1966；Kusakari，1991；Matyushin 和 Fedotov，1993；Nagasawa 和 Domon，1997；Nagasawa，2001；Love 等，2002；Yoon，2002；Lei，2005；Chin 等，2013）。

俚岛人工鱼礁区大规模的人工鱼礁投放被认为降低了栖息地作为限制性因子对渔业生产的制约。然而，若食物资源不足，则可能加剧种间和种内的竞争，从而成为渔业生产的限制性因素。尽管这三种鱼类的食性在不同海域曾有过研究报道（Kwak 等，2005；Seo 和 Hong，2007；Tong 和 Guo，2009；Zhang 等，2014；Ji 等，2015），但同域分布的三种鱼类的摄食情况比较却未见报道。

本章采用胃含物分析法，并结合碳氮稳定同位素技术，对俚岛人工鱼礁区近岸和远岸海域采集的三种鲉科鱼类（斑头鱼、大泷六线鱼和许氏平鲉）的食物资源分化特征进行分析，并判定该系统中的C和N营养流动途径。

第二节　材料和方法

一、样品采集

2013年7月（夏季）采集斑头鱼、大泷六线鱼和许氏平鲉三种鲉科鱼类，以及它们的潜在食物源和初级生产者样本。三种鱼类样本的采集方法是在调查站位布设地笼网24 h左右。样品采集后放在贴有标签的塑料袋中并置于冰块中保存，运送到实验室后，测量每尾鱼体长（mm）和体重（g），并解剖取其胃，标记并冷冻用于胃含物分析。采集2 g左右的背部白肌冷冻（−20 ℃）用于碳氮稳定同位素样品制备。

近岸海域，三种鲉科鱼类的潜在饵料生物的碳氮同位素样本取自胃含物分析过程，包括端足类（钩虾属、藻钩虾、麦秆虫、中华蜾蠃蜚、花钩虾、独眼钩虾）、等足类（日本尾突水虱、光背节鞭水虱）、多毛类（沙蚕科和多毛属）、虾类（疣背宽额虾以及细螯虾）。鱼类中的方氏云鳚和蟹类中的日本蟳由地笼网捕获。大型海藻（龙须菜和鼠尾藻）、海草（鳗草和红纤维虾形草）以及其他种类通过潜水采集。同位素分析样品制备过程中，多毛类以及较小个体的类群选取整体，腹足类选取腹足部分，鱼类和甲壳类等选取肌肉组织。

远岸海域，三种鲉科鱼类饵料生物中，方氏云鳚、日本蟳、泥脚隆背蟹、口虾蛄、鹰爪虾、葛氏长臂虾、鲜明鼓虾和日本鼓虾使用地笼网采集；大型海藻（龙须菜、裙带菜、带形蜈蚣藻、孔石莼和肠浒苔）采自海带养殖浮筏。所有的植物样品用去离子水清洗，并保持冷冻直至后续实验分析处理。

二、胃含物分析

近岸海域共采集158只鲉科鱼类，而远岸海域为23只。利用解剖镜对饵料生物进行种类鉴定，尽可能鉴定到最低分类阶元。用于评价饵料重要性的指标有出现频率（$F\%$）、个数百分比（$N\%$）和质量百分比（$W\%$）。

三、食物组成的多元分析

所有可鉴别饵料生物的$W\%$被标准化后进行平方根转换，并用于构建Bray - Curtis相似性矩阵。该矩阵经过PERMDISP分析（Anderson等，2008），以确定先验组之间的多元离散度是否同质（即$P>5\%$）。三因素交叉置换多元方差分析（PERMANOVA；Anderson等，2008）使用99 999次置换来确定不同物种（斑头鱼、大泷六线鱼、许氏平鲉）、长度分类（<150 mm

全长和>150 mm 全长）以及站位（近岸和远岸）之间的摄食（W%）是否不同。结果表明，不同物种和不同站位间存在显著性差异（$P<0.001$），并且物种与站位间相互作用显著（$P=0.012$）；然而，没有证据支持体长分类差异作为主要影响（$P=21.7\%$）还是作为双向或三向相互作用的一部分。因此，体长分类因素在后续的分析中被删除。

由于个别鱼类的胃含物内只有 14 种饵料生物类群中的个别种类，同一时间采集的相同种类的两个样本很可能在饵料组成上存在明显差异。这种变异性可掩盖食性中微妙但“真实”的趋势，因此根据样本中鱼类的数量，随机将每个站位每种鱼的胃含物分成 2～4 组（Coulson 等，2015；Lek 等，2011；Platell和 Potter，2001）。对每组重复（即在同一采样点的相同种类 2～4 尾）的不同饵料种类的质量百分比组成求平均值；然后，将结果数据进行平方根转换，以降低始终高贡献比例的饵料种类的权重。这种平均法克服了由于胃含物数量明显不同而产生的汇总食性数据所造成的任何潜在偏差，即“物种”积累效应（Lek 等，2011）。虽然这种方法确实导致了物种和站位之间的重复数量略有不等，但这种不平衡的统计设计可以通过当代的多元统计技术，如 PERMANOVA 和 ANOSIM 进行有效分析（Anderson 等，2008；Clarke 和 Gorley，2015）。

四、食物组成的种内差异

本章采用单因素 ANOSIM 检验，分析判定近岸和远岸海域间大泷六线鱼和许氏平鲉的食物组成的差异。因远岸海域仅采集到 1 尾斑头鱼，且为空胃，无法进行斑头鱼的 ANOSIM 检验分析。首先构建基于每种鲉科鱼类的 Bray－Curtis 相似矩阵，然后进行 ANOSIM 检验，在 ANOSIM 检验前，对平方根转化的物种和/或地点组合的食性组成数据进行 PERMDISP 分析，以检验多元离差的匀质性。检验结果表明无多元离差的显著性差异（$P>5\%$）。

nMDS 用于直观展示因素之间的差异性和相似性。在 ANOSIM 检测到显著性差异的情况下，采用相似百分比分析（SIMPER；Clarke 和 Gorley，2015）和阴影图（Shade plot）（Clarke 等，2014a，2014b）来确定食物组成中典型的食物种类和区分每个先验组的食物组成并判定贡献最大重量差异化比例。

五、食物组成的种间差异

采用单因素 ANOSIM 检验来确定如下问题：①近岸海域的斑头鱼、大泷六线鱼和许氏平鲉间的食物组成是否存在显著差异；②远岸海域的斑头鱼、大泷六线鱼和许氏平鲉间的食物组成是否存在显著差异。采用 nMDS、SIMPER

和阴影图可视化分析和判定种间食物组成差异的原因。

六、稳定同位素分析

所有采集的样本暂时冻存于－20 ℃的冰箱中，于－80 ℃冷冻干燥后用陶瓷研钵和研杵研磨成细小均匀粉末。鱼类的肌肉组织在氯仿和甲醇（体积比＝2∶1）溶液中进行处理。为去除样本中可能存在的无机碳酸盐，向样本中缓慢加入 1 mL 盐酸，直至样品停止产生 CO_2，然后将样品液以 3 000 r/min 的速度离心 5 次，每次持续 10 min。离心后用 pH 试纸检测上清液，当上清液 pH 接近去离子水时，样本冷冻干燥并储存在－80 ℃的环境中；否则，继续用去离子水冲洗样本，直至样本达到去离子水的 pH（Jacob 等，2005）。

碳氮稳定同位素分析方法参见第四章第二节。

七、稳定同位素混合模型

本章利用基于 R 程序的贝叶斯稳定同位素混合模型 SIAR v4.0 评估潜在食源对近岸海域三种鲉科鱼类的食物相对贡献度（Parnell 等，2010）。SIAR 模型包括了消费者的 $\delta^{13}C$ 和 $\delta^{15}N$、潜在食源以及各食源营养富集因子 $\delta^{13}C$ 和 $\delta^{15}N$ 的均值和标准差（Parnell 等，2010）。根据蔡德陵等（1999）在崂山湾开展的研究结果，^{13}C 的营养富集因子（TEF）选择（1.3±0.3）‰；^{15}N 的 TEF 参考 Minagawa 和 Wada（1984）的研究，选择（3.4±1.1）‰。三个计算置信区间（CI）分别为 95%、75%和 50%（Parnell 等，2010；Lebreton 等，2012）。

第三节　结　　果

一、食物组成

近岸和远岸海域的鱼类胃含物样品中非空胃样品分别占 54%和 96%。三种鲉科鱼类的饵料主要包括鱼类、甲壳类、软体动物、头足类、多毛类、鱼卵、大型海藻和海草（表 7-1）。*W*%、*N*%和 *F*%分析表明，鱼类、甲壳类、多毛类和大型海藻是近岸海域三种鲉科鱼类的主要饵料生物。多毛类是斑头鱼的主要捕食对象，*W*%和 *F*%分别为 33.7%和 66.7%（表 7-1）；除此之外，甲壳类和大型藻类也是斑头鱼的重要饵料生物，*W*%分别为 29.5%和 23.73%，而大型海藻的 *N*%（80.4%）和 *F*%（79.4%）则高于甲壳类的相应值（5.85%和 64.1%）。近岸海域的大泷六线鱼主要摄食甲壳类，*W*%和 *F*%分别为 82.2%和 72.2%，以蟹类居多（*W*%＝67.45%），其次为虾类（*W*%＝10.5%）。尽管大泷六线鱼的胃中存在大型海藻和多毛类，但其 *W*%和 *F*%远低于斑头鱼。许氏平鲉主要以鱼类为食，*W*%、*N*%和 *F*%分别为 79.7%、21.4%和 65.5%，其次为蟹类。

表 7-1 俚岛近岸和远岸海域斑头鱼、大泷六线鱼和许氏平鲉饵料生物的质量百分比（$W\%$）、个数百分比（$N\%$）和出现频率（$F\%$）

	近岸海域									远岸海域					
	斑头鱼			大泷六线鱼			许氏平鲉			大泷六线鱼			许氏平鲉		
饵料生物	$W\%$	$N\%$	$F\%$	$W\%$	$N\%$	$F\%$	$W\%$	$N\%$	$F\%$	$W\%$	$N\%$	$F\%$	$W\%$	$N\%$	$F\%$
鱼类	6.93	0.06	2.56	11.45	1.28	22.22	79.67	21.43	65.52	—	—	—	0.01	6.67	13.33
方氏云鳚	6.93	0.06	2.56	11.09	1.02	16.67	79.61	18.37	58.63	—	—	—	0.01	6.67	13.33
不可辨认鱼类	—	—	—	0.37	0.26	5.56	0.06	3.06	10.34	—	—	—	—	—	—
甲壳类	29.5	5.85	64.1	82.21	5.61	72.22	20.31	64.29	51.72	97.6	50	100	99.13	86.67	93.33
真虾 & 对虾类	2.84	0.19	5.13	10.47	1.79	38.89	0.65	26.53	20.69	88.75	11.9	85.71	62.94	28.89	53.33
毛虾类	—	—	—	—	—	—	0.05	1.02	3.45	—	—	—	—	—	—
口足类	—	—	—	—	—	—	—	—	—	—	—	—	22.58	2.22	6.67
端足类	3.22	4.35	46.15	0.46	1.79	27.78	0.04	10.2	10.34	4.54	30.95	28.57	0.16	11.11	20
糠虾类	—	—	—	—	—	—	0	2.04	3.45	—	—	—	—	—	—
等足类	2.09	0.39	12.82	0.7	0.77	16.67	0.11	3.06	6.9	4.31	7.14	42.86	6.99	28.89	40
叶虾类	—	—	—	—	—	—	0.04	13.27	10.34	—	—	—	0.01	2.22	6.67
涟虫类	0.06	0.13	5.13	—	—	—	—	—	—	—	—	—	—	—	—

（续）

	近岸海域									远岸海域					
	斑头鱼			大泷六线鱼			许氏平鲉			大泷六线鱼			许氏平鲉		
饵料生物	W%	N%	F%	W%	N%	F%	W%	N%	F%	W%	N%	F%	W%	N%	F%
大眼幼体	0.16	0.19	5.13	—	—	—	—	—	—	—	—	—	—	—	—
蟹类	8.82	0.58	23.08	67.45	1.28	16.67	19.42	8.16	20.69	—	—	—	6.45	13.33	40
不可辨认甲壳类	12.31	—	28.21	3.13	—	16.67	0.01	—	3.45	—	—	—	—	—	—
软体动物	2.81	0.58	20.51	3.06	2.04	27.78	—	—	—	—	—	—	0.02	2.22	6.67
多板类	1.98	0.45	15.38	—	—	—	—	—	—	—	—	—	—	—	—
腹足类	0.83	0.13	5.13	3.06	2.04	27.78	—	—	—	—	—	—	0.02	2.22	6.67
头足类	—	—	—	—	—	—	—	—	—	—	—	—	0.66	2.22	6.67
枪乌贼	—	—	—	—	—	—	—	—	—	—	—	—	0.66	2.22	6.67
多毛类	33.7	5.59	66.67	2.24	9.44	55.56	0.01	9.18	24.14	2.19	3.57	14.29	0.18	2.22	6.67
沙蚕	33.7	5.59	66.67	2.24	9.44	55.56	0.01	9.18	24.14	2.19	3.57	14.29	0.18	2.22	6.67
鱼卵	—	—	—	0.01	8.16	5.56	—	—	—	—	—	—	—	—	—
大型海藻	23.73	80.38	79.49	0.7	66.33	55.56	0	2.04	3.45	0.21	46.43	28.57	—	—	—
海草	3.33	7.54	25.64	0.32	7.14	27.78	0	3.06	3.45	—	—	—	—	—	—

远岸海域采集到胃含物样本23尾，远低于近岸海域采集的样本数量（158尾），斑头鱼仅采集到1尾，且为空胃。在远岸海域，大泷六线鱼和许氏平鲉主要摄食甲壳类，特别是真虾和对虾类（*W*%分别为88.8%和62.9%），同时，许氏平鲉还摄食了一定量的口足类（*W*%=22.6%）和蟹类（*W*%=6.5%）。大泷六线鱼的胃中含有一定量的大型藻类物质，这些藻类物质可能来源于人工养殖的海带脱落碎片。

二、食物组成的多元分析

1. 食物组成的种内差异

ANOSIM分析结果表明，近岸和远岸海域大泷六线鱼的食物组成差异显著（P=4.6%；R=0.369），在nMDS图中，远岸海域的鱼类样方位于图右侧，与近岸海域的鱼类样方区分明显［图7-1（a）］。SIMPER分析表明，虾类是远岸海域鱼类的优势饵料生物，而在近岸海域的大泷六线鱼则摄食了更多样化的饵料，包括多毛类、大型海藻、蟹类和鱼类［图7-2（a）］。

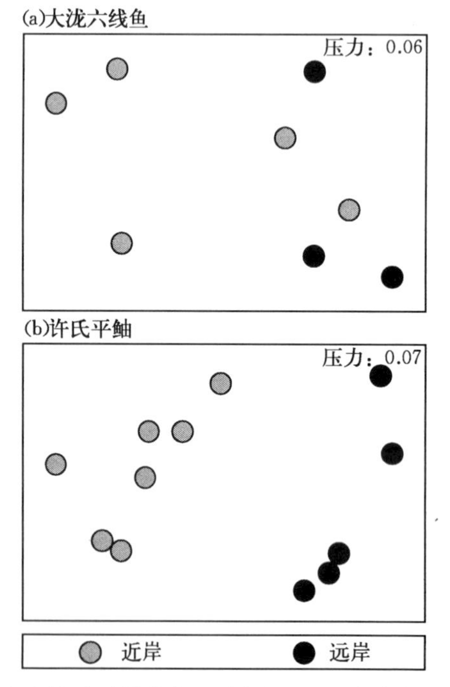

图7-1　大泷六线鱼和许氏平鲉种内（近岸和远岸）摄食饵料生物的nMDS排序

ANOSIM分析表明，近岸海域和远岸海域许氏平鲉的食物组成存在显著差异（P=0.1%，R=0.935），图7-1所示两个生境中的样方完全分离。

SIMPER 分析结果表明，近岸海域许氏平鲉的食物以鱼类为主，而在远岸海域许氏平鲉大量摄食真虾和对虾类，以及蟹类，阴影图也显示了这一点（图 7-2）。近岸海域多毛类在许氏平鲉的胃含物组成中占优势，同时，蟹类和虾类也有一定比例。

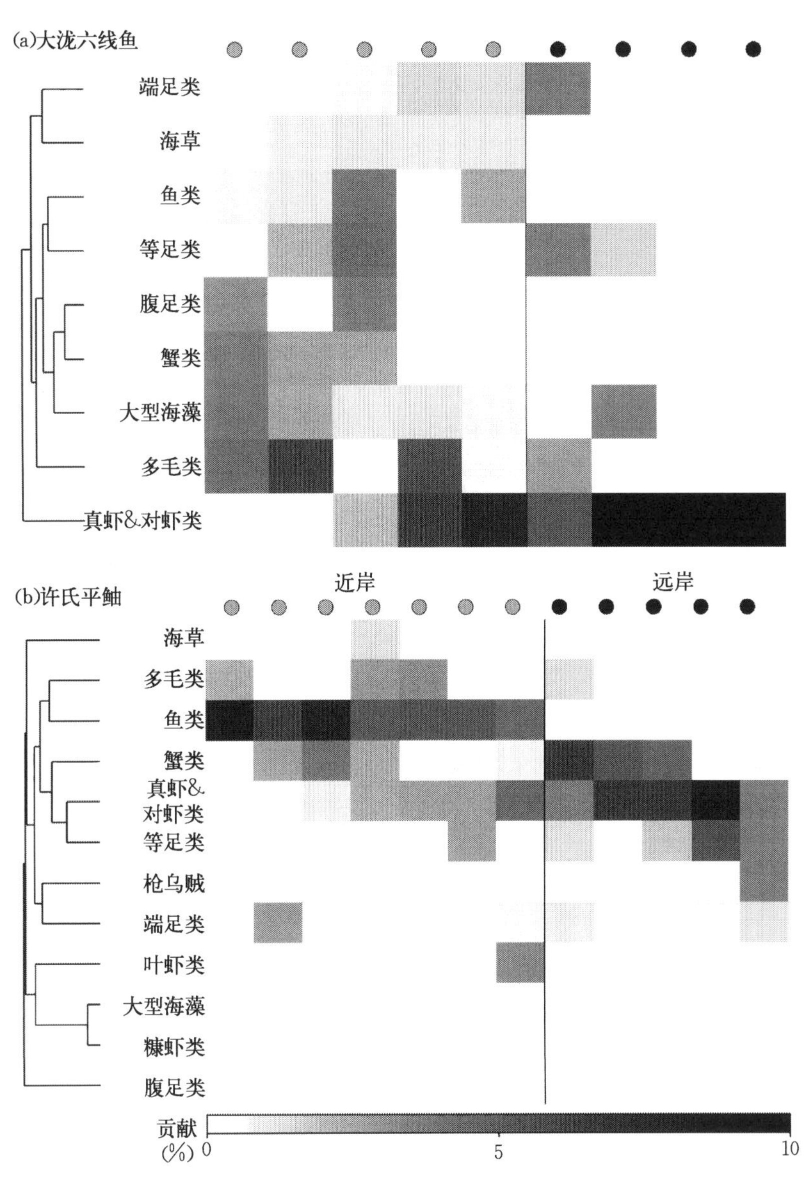

图 7-2　大泷六线鱼和许氏平鲉种内（近岸和远岸）摄食饵料生物群落结构层次聚类阴影图

2. 食物组成的种间差异

ANOSIM 分析结果表明，三种鲉科鱼类在近岸海域的食物组成差异显著（P=0.1%，R=0.579），且两两种类间差异也具显著性（P=0.1%）。近岸水体中斑头鱼和许氏平鲉的食性差异最大（R=0.921），其次为大泷六线鱼和许氏平鲉（R=0.447），差异最小的是斑头鱼和大泷六线鱼（R=0.347）。这些趋势在 nMDS 图上也得到了体现，代表斑头鱼和许氏平鲉的样本组成了一个广泛的类群，不重叠；而代表大泷六线鱼的样本在某种程度上与来自其他两个种类的样本混合在一起［图 7－3（a）］。

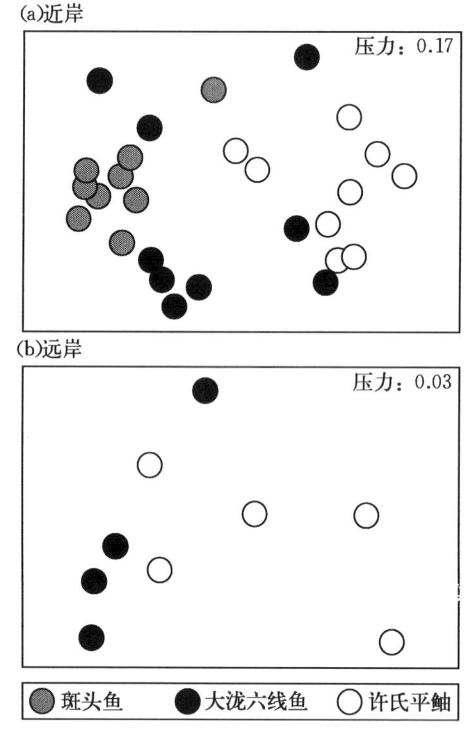

图 7－3　俚岛近岸（a）和远岸（b）三种鲉科鱼类摄食饵料生物的 nMDS 排序

三种鲉科鱼类摄食饵料生物群落结构层次聚类阴影图显示，大型海藻、多毛类和端足类对斑头鱼的食物组成贡献度明显［图 7－4（a）］。尽管大泷六线鱼也摄食大型藻类和多毛类，但其质量百分比低于真虾和对虾类，另外鱼类、蟹类和腹足类在大泷六线鱼的食物组成中也占有一定比例。许氏平鲉的食性明显不同于其他两种鱼类，其胃含物主要由鱼类组成，以及少量的蟹类和虾类［图 7－4（a）］。

尽管 ANOSIM 分析表明远岸海域大泷六线鱼和许氏平鲉的食物组成存在

显著性差异（$P=0.001$），但表示差异度的 R 值较小（0.238）。nMDS 图显示许氏平鲉与大泷六线鱼样方存在一定重叠［图 7－3（b）］。在远岸海域，真虾和对虾类是大泷六线鱼和许氏平鲉的主要饵料种类，但它们在大泷六线鱼的食物组成中占比更高［图 7－4（b）］。

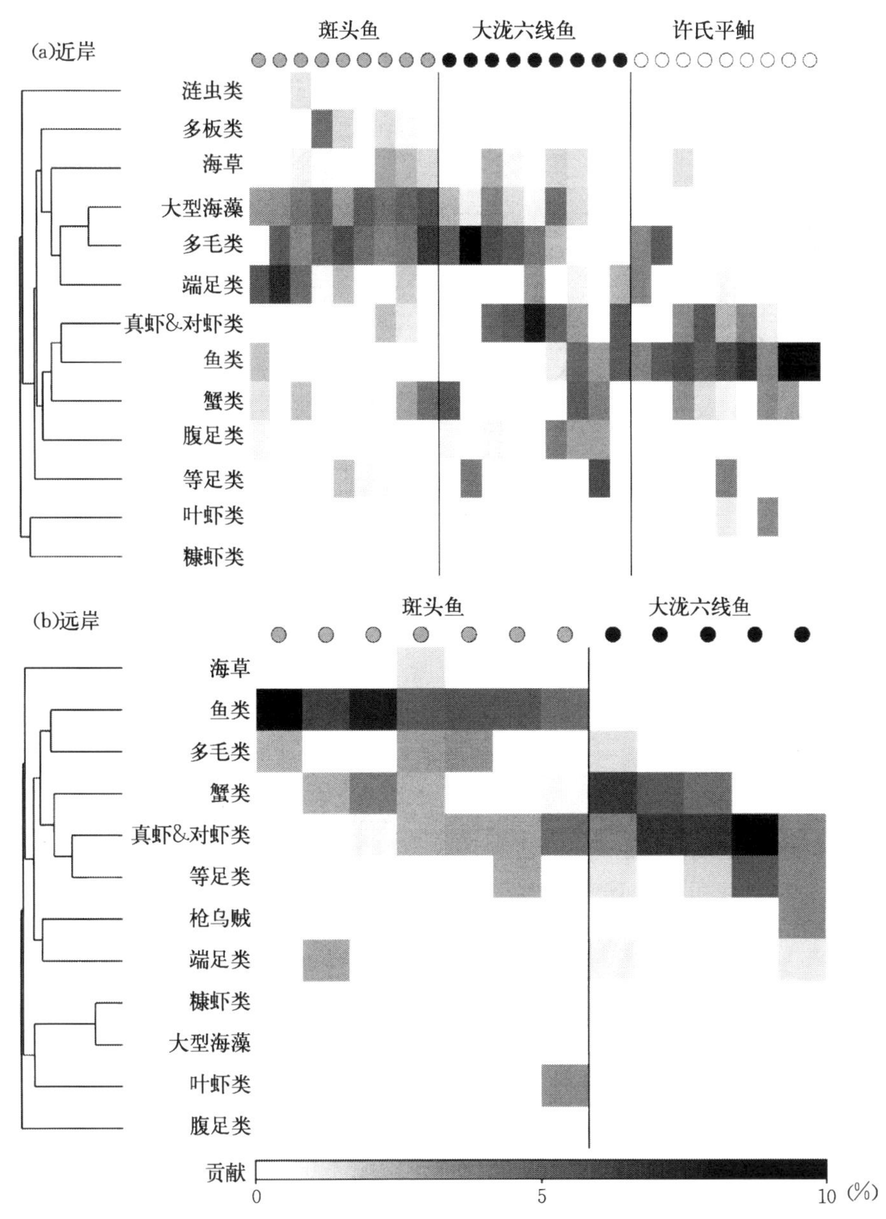

图 7－4　俚岛近岸和远岸三种鲉科鱼类摄食饵料生物群落结构层次聚类阴影图

三、稳定同位素分析

1. 稳定同位素的种间比较

近岸海域，除端足类和等足类外，三种鲉科鱼类及其潜在饵料生物的 $\delta^{13}C$ 和 $\delta^{15}N$ 值差异显著（Kruskal - Wallis 检验；双 $df=2$；$P\leqslant 0.001$）。因此，在进行 SIAR 分析中，将这些甲壳动物类群合并为一个潜在的食物组。近岸底栖初级生产者的 $\delta^{13}C$ 均值范围为（-21.3 ± 0.6)‰（红藻门龙须菜）～（-12.3 ± 1.1)‰（海草）［图 7 - 5（a)］。$\delta^{15}N$ 的均值范围为（6.6 ± 0.5)‰（褐藻门鼠尾藻)～(15.3 ± 0.3)‰（大泷六线鱼）。短尾类、多毛类以及真虾和对虾类的碳氮稳定同位素特征非常相似，在双序图中很难区分［图 7 - 5（a)］。

远岸海域大泷六线鱼的 $\delta^{13}C$ 均值（-16.64‰）明显高于许氏平鲉的 $\delta^{13}C$ 均值（-18.03%）（$df=2$；$P=0.053$)，而两者间 $\delta^{15}N$ 值无显著差异（$df=2$；$P=0.292$)。然而，主要食物类群间的 $\delta^{13}C$ 和 $\delta^{15}N$ 值呈现出显著性差异（$df=9$；$P<0.001$)。$\delta^{13}C$ 值的变化范围为（-21.1 ± 0.6)‰（龙须菜）至（-15.8 ± 0.4)‰（方氏云鳚)，而 $\delta^{15}N$ 值的变化范围为（8.0 ± 0.5)‰（其他大型海藻）至（14.4 ± 0.1)‰（许氏平鲉）［图 7 - 5（b)］。

2. 近岸和远岸海域种内稳定同位素值比较

本节比较了近岸和远岸海域相同生物种类的 $\delta^{13}C$ 和 $\delta^{15}N$ 值的空间差异性。这些物种包括鱼类（大泷六线鱼、许氏平鲉和方氏云鳚)，蟹类（日本蟳)，真虾和对虾类［疣背宽额虾和细螯虾（近岸)，鹰爪虾、鲜明鼓虾、葛氏长臂虾以及日本鼓虾（远岸)］，大型海藻［鼠尾藻（近岸）和龙须菜、裙带菜、带形蜈蚣藻、孔石莼和肠浒苔（远岸)；表 7 - 2］。近岸海域大泷六线鱼和许氏平鲉的 $\delta^{13}C$ 值（$P<0.01$）和 $\delta^{15}N$ 值（$P<0.01$）显著高于远岸对应值。然而，远岸海域的大型海藻、日本蟳以及真虾和对虾类的 $\delta^{15}N$ 更高。方氏云鳚的碳氮稳定同位素比值在近岸和远岸海域间无显著性差异（表 7 - 2)。

3. 混合模型结果

贝叶斯稳定同位素混合模型估算结果显示，方氏云鳚、真虾与对虾类、蟹类和多毛类是近岸海域三种鲉科鱼类稳定同位素比值的主要贡献者（图 7 - 6)。真虾与对虾类是斑头鱼的主要食物来源，其平均贡献率为 41.6%。其次是蟹类（14.9%)、多毛类（11.8%）和大型海藻（12.1%)。SIAR 模型显示，方氏云鳚（22.9%)、真虾与对虾类（23.0%)、蟹类（22.0%）和多毛类（17.5%）在大泷六线鱼的食物来源中贡献占优。真虾与对虾类在许氏平鲉食物来源中占比较高（31.1%)，其次是蟹类（19.6%)、多毛类（14.8%）和方氏云鳚（14.8%，图 7 - 6)。总的来说，甲壳类（包括虾类和蟹类）是三种鲉科鱼的主要饵料生物，对每种鱼的同位素比值的贡献比例均超过 50%。

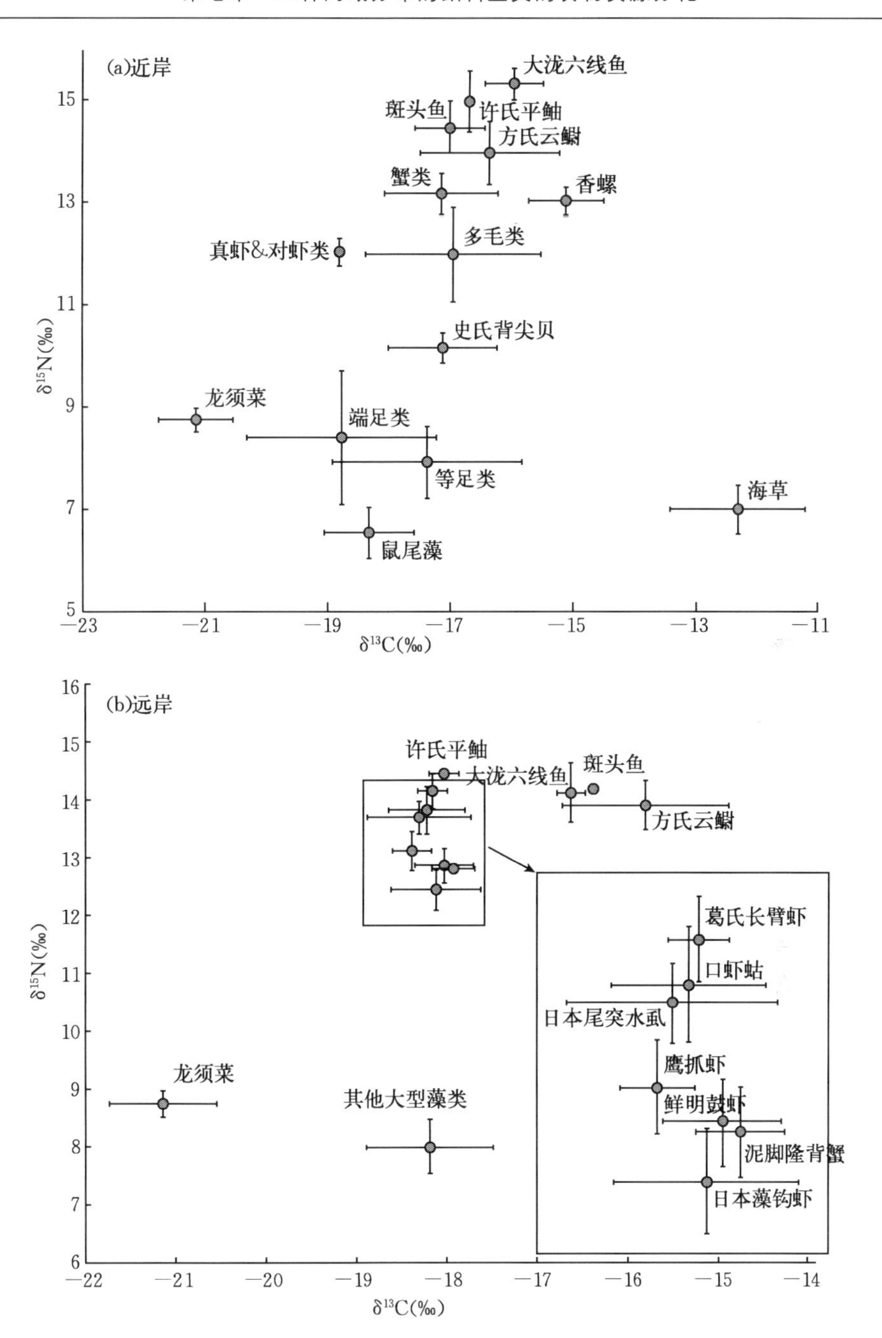

图 7-5　俚岛近岸（a）和远岸（b）三种鲉科鱼类及其潜在食源 $\delta^{13}C$ 和 $\delta^{15}N$ 值双序图

注：潜在食源包括蟹类（日本蟳）、虾类（疣背宽额虾和细螯虾）、多毛类（沙蚕科和多毛类）、端足类（双眼钩虾、藻钩虾、麦秆虫、中华蜾蠃蜚、钩虾属、花钩虾和独眼钩虾）、等足类（日本尾突水虱、光背节鞭水虱）、海草（红纤维虾形草和鳗草）和大型藻类（裙带菜、带形蜈蚣藻、孔石莼和肠浒苔）

表 7-2 三种岩礁鱼类、潜在饵料生物和初级生产者的 $\delta^{13}C$‰和 $\delta^{15}N$‰

种类	同位素	平均值		P
		近岸	远岸	
鱼类				
斑头鱼	$\delta^{13}C$	−17.03 ± 0.58 (14)	−16.38 (1)	0.280
	$\delta^{15}N$	14.47 ± 0.50 (14)	14.18 (1)	0.510
大泷六线鱼	$\delta^{13}C$	−15.99 ± 0.49 (11)	−16.64 ± 0.16 (8)	**< 0.001**
	$\delta^{15}N$	15.31 ± 0.30 (11)	14.11 ± 0.49 (8)	**< 0.001**
许氏平鲉	$\delta^{13}C$	−16.71 ± 0.54 (9)	−18.03 ± 0.16 (2)	**0.006**
	$\delta^{15}N$	14.98 ± 0.59 (9)	14.44 ± 0.07 (2)	**0.006**
方氏云鳚	$\delta^{13}C$	−16.38 ± 1.14 (2)	−15.82 ± 0.92 (6)	0.510
	$\delta^{15}N$	13.96 ± 0.59 (2)	13.90 ± 0.40 (6)	0.740
无脊椎动物				
日本蟳	$\delta^{13}C$	−17.17 ± 0.94 (8)	−18.31 ± 0.58 (9)	**0.009**
	$\delta^{15}N$	13.18 ± 0.37 (8)	13.69 ± 0.28 (9)	**0.006**
真虾与对虾类	$\delta^{13}C$	−18.81 ± 0.01 (2)	−18.20 ± 0.34 (29)	**0.030**
	$\delta^{15}N$	12.05 ± 0.23 (2)	13.13 ± 0.71 (29)	**0.030**
初级生产者				
大型藻类	$\delta^{13}C$	−18.33 ± 0.72 (5)	−18.99 ± 1.50 (22)	**0.007**
	$\delta^{15}N$	6.56 ± 0.47 (5)	8.22 ± 0.54 (22)	**0.006**

注：括号内数字代表用于同位素分析的样本数量。

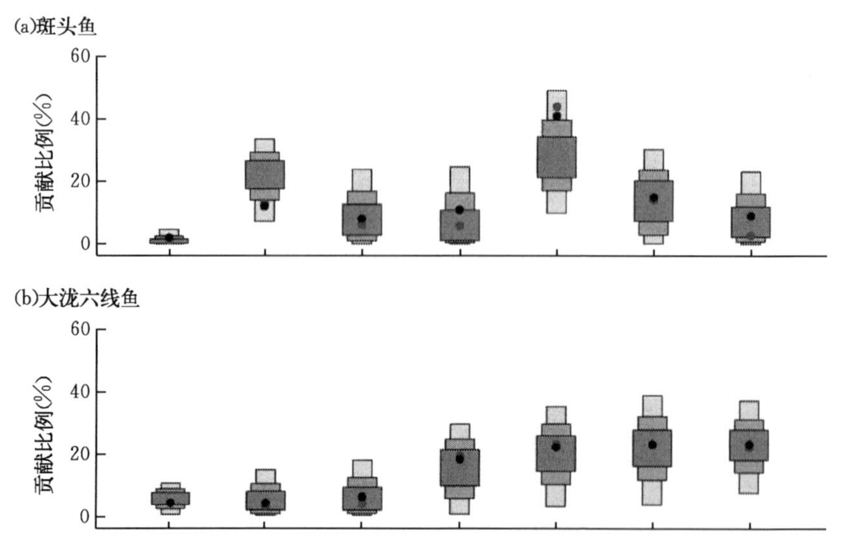

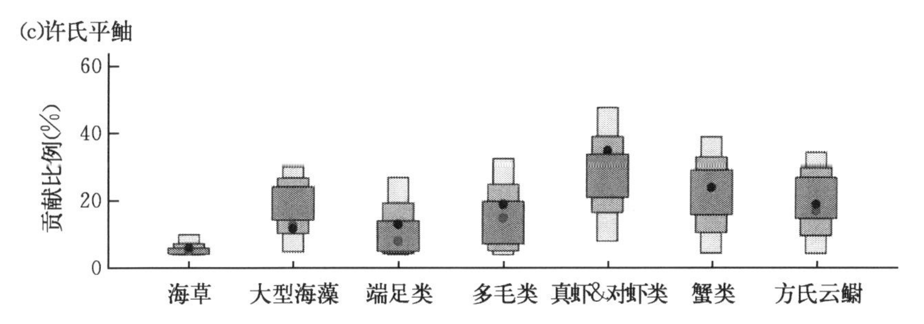

图7-6　SIAR模型估算的俚岛近岸海域大泷六线鱼、斑头鱼和许氏平鲉的潜在食源的平均贡献比例（%）（置信区间分别为50%、75%和95%）

注：黑点和灰点分别代表95%置信区间内的组均值和组众数值

第四节　讨　　论

本章研究了俚岛沿岸海域三种鲉科鱼类食源的潜在分化情况。三种鲉科鱼类，即斑头鱼、大泷六线鱼和许氏平鲉，在近岸海域区分了它们的食物来源差异，但这种差异对于远岸海域的大泷六线鱼和许氏平鲉来说却不明显。因此，尽管每个物种都以食肉为主，但却摄食不同数量的甲壳类动物（蟹类、虾类）、多毛类和鱼类，它们同时也摄食大型海藻，尽管程度较低。

一、食物资源分化

基于胃含物中各种饵料生物质量百分比进行的多变量分析证实，三种鲉科鱼类在近岸海域之间分化食物资源。斑头鱼和大泷六线鱼比许氏平鲉的摄食更多样化，而后者在近岸海域专食鱼类。斑头鱼主要以营养级水平相对较低的饵料生物为食，如多毛类、端足类、多板类以及大型海藻，这些结果与以往对斑头鱼的摄食研究报道相似（Kwak等，2005；Wang等，2012；Ji等，2015），证实了礁体相关的底栖生物在其食性中的重要意义。尽管大型海藻和多毛类也出现在大泷六线鱼的胃含物中，但与斑头鱼相比，其主要摄食甲壳类动物和鱼类（主要是蟹类；几乎占到摄食重量的70%）。相似的研究报道也出现在我国东海枸杞岛（Wang等，2012）、青岛近岸海域（Ye，1992），以及俄罗斯北部滨海地区（Balanov等，2001；Kolpakov等，2005）和韩国仁川江峰潮滩（Seo和Hong，2007）。这些跨越广泛地理区域的发现都证实了大泷六线鱼是一种偏好捕食甲壳类的底栖动物食性鱼类。

两种六线鱼的食性在近岸海域不同，大泷六线鱼主要捕食甲壳类和鱼类；而斑头鱼则捕食小型底栖饵料生物，如多毛类、大型海藻、端足类和多板类。

这些食性的差异可能反映了它们在微生境使用上的差异，从而产生了饵料生物获取上的差异（Kwak 等，2005）。例如，相关研究发现斑头鱼喜栖息于礁石上生长的海藻丛中，而大泷六线鱼广泛活动在礁石上下以及礁石之间的砂质基质上（Kanamoto，1979）。

近岸海域，许氏平鲉的食性与两种六线鱼类的食性不同，以高营养级肉食性为特点，摄食更多鱼类和大型甲壳类动物（蟹类和虾类）。这与张波等（2014）在渤海以及 Seo 和 Hong（2007）在韩国仁川江峰潮滩的研究结果一致。尽管大泷六线鱼和许氏平鲉摄食相似的饵料生物，但后者摄食更大比例的鱼类。在俚岛人工鱼礁生态系统 Ecopath 模型中，模型输出结果表明许氏平鲉为系统潜在的关键种，这表明它在生态系统的营养流动中发挥了重要作用，可能与其摄食更高营养级的生物类群有关（Wu 等，2016）。

近岸水域三种鲉科鱼类碳同位素比值的差异表明，这些鱼依赖不同的基础碳源，这表明物种之间的营养生态位分离，有助于减少鱼类对食物资源的竞争（Mablouke 等，2013）。在近岸海域，$\delta^{15}N$ 表明三种鱼类营养位置的差异：斑头鱼的 $\delta^{15}N$ 平均值（14.5‰）低于大泷六线鱼（15.3‰）和许氏平鲉（15.0‰）的对应值，表明后两种鱼的营养级水平略高于斑头鱼。这与胃含物分析的结果相一致，其中，斑头鱼主要以多毛类动物和大型藻类为食，这些动物的 $\delta^{15}N$ 往往低于大泷六线鱼和许氏平鲉主要摄食的甲壳类动物和小型底栖鱼类的 $\delta^{15}N$。本研究中 $\delta^{15}N$ 所指示的营养级顺序与 FishBase 中记录的这些物种的平均营养级一致，FishBase 将三种鱼类的平均营养级指定为 3.3±0.5（斑头鱼）、3.8±0.3（大泷六线鱼）和 3.7±0.6（许氏平鲉）（Froese 和 Pauly，2014）。

SIAR 模型输出的结果补充了胃含物分析的结果，估算的大型海藻对斑头鱼的食源贡献度大于其他两个物种。这一结果与斑头鱼胃含物中发现的大型海藻的数量（*W*%=23.7%）一致。虽然海草比大型海藻的 ^{13}C 值更高，但鱼类的稳定同位素比值表明，海草被鱼类同化的程度较低。因此，鱼类可能不是有意去吃海草，而是将海草作为副食源摄入的，并且只有一小部分被组织吸收。另外，SIAR 模型结果显示，甲壳类动物（蟹类）和硬骨鱼类（方氏云鳚）对大泷六线鱼和许氏平鲉的食源贡献度大于斑头鱼。

本章研究揭示了一些饵料成分在不同研究方法间所体现的重要性的不同。例如，SIAR 模型估算真虾与对虾类是近岸海域斑头鱼最主要的饵料生物（40.6%）。然而，胃含物分析表明该种类主要摄食多毛类和大型藻类。胃含物和稳定同位素分析之间的差异是由数据“时间尺度”的不同造成的，胃含物分析主要反映了研究对象被捕获前的短期摄食概况，而稳定同位素标记反映的是同位素周转周期内（2～3 个月）饵料生物被摄食同化后相对长期的结果

（MacNeil 等，2006）。混合模型的结果反映了真虾与对虾类在相对较长时期内对斑头鱼食性的重要性；而胃含物分析表明虾类有较低的贡献度，这可能反映了样本采集时的饵料丰度。调查潜在饵料生物在稳定同位素转周期内和采样时相对丰度的变化情况将有助于更好地理解胃含物和稳定同位素分析结果间的明显差异。本研究中，取样时间为夏季，而为了更全面地理解周年内这些鱼类间的食物资源分化特征，有必要在饵料丰富度不同的冬季进行补充取样开展研究。

从远岸海域有限的现有数据来看，大泷六线鱼和许氏平鲉的食物组成比近岸海域这两种鱼的更相似，这两种鱼主要摄食真虾与对虾类，其次是蟹类和口足类动物。这与远岸底栖生物群落中真虾与对虾类、蟹类和口足类的高丰度相一致（Wu 等，2012）。然而，在近岸和远岸海域中，许氏平鲉和大泷六线鱼的食物组成存在显著的空间差异，这证实二者是灵活的机会主义摄食者。远岸海域许氏平鲉和大泷六线鱼的胃含物组成和 $\delta^{15}N$ 值均体现了一致的相似性，这可能与远岸海域底层环境的同质化有关（即低地势、软沉积），因此饵料生物的多样性和生态位较低。由于远岸海域海带的高产量优势，与近岸海域相比，海带养殖很可能是简化远岸海域食物网的重要因素。研究区域的Ecosim模型预测表明，海带养殖有利于底栖动物生产，而非水体的生产，因此海带养殖增加了底栖动物生产（包括鲉科鱼类）的营养流动（Wu 等，2016）。与胃含物分析相反，远岸海域大泷六线鱼和许氏平鲉 $\delta^{13}C$ 均值近似差异显著（$P=0.053$），这表明二者在较长的时间范围内依赖不同的碳源，下一步需要进一步采样揭示物种间 $\delta^{13}C$ 值的差异。

二、稳定同位素比值的空间变化

近岸海域鱼类（大泷六线鱼和许氏平鲉）、蟹类和大型海藻的 ^{13}C 值较远岸海域更富集，这种梯度格局与 Newsome 等（2007）的研究结果一致，即近岸食物网中的 $\delta^{13}C$ 值通常要更高。本研究中，近岸鱼类的 $\delta^{15}N$ 值高于远岸相应种类 0.4‰～1.2‰，但大型海藻、真虾与对虾类以及日本蟳的 $\delta^{15}N$ 值却是远岸更高。食物网中较高的 $\delta^{15}N$ 值往往反映了近岸海域人为氮的高输入量（Lepoint 等，2004；Michener 和 Lajtha，2008；Dromard 等，2013），以及近岸养殖海带对营养盐的吸收。海带生长初期（每年 11 月左右），大量合成肥料（Heaton，1986）被逐渐释放到水体中以促进海带生长，这在一定程度改变了局部水体中溶解无机氮的浓度，因此较高的 $\delta^{15}N$ 值很可能被大型海藻和浮游植物组织吸收，并通过食物网进一步迁移。

本研究中鱼类的 $\delta^{15}N$ 值要高于日本（Hoshika 等，2006）、韩国（Kang 等，2008）和俄罗斯（Kiyashko 等，2011）以及我国东海枸杞岛报道的 $\delta^{15}N$

值（表7－3），尤其是斑头鱼和大泷六线鱼，这两个种类在俚岛人工鱼礁生态系统的碳氮稳定同位素数值要高出其他地区报道值的3%左右，这表明，研究海域的人为活动很可能增加了水体 $\delta^{15}N$ 值，进而增加了整个近岸食物网的 ^{15}N 水平，这与其他区域的研究发现一致（Costanzo 等，2001；Lin 和 Fong，2008；Letourneur等，2013）。

远岸海域的真虾和对虾类以及蟹类的 $\delta^{15}N$ 值高于近岸海域的相应值，推测可能是由于沉积物中 $\delta^{15}N$ 值较高的海藻碎屑被底栖动物摄食。事实上，在软底泥环境中的日本蟳以及真虾和对虾类被认为是杂食性，以沉积物有机质为食源（Quan 等，2010）。

与远岸海域相比，近岸海域鲉科鱼 $\delta^{13}C$ 值较高可能是其经过相对较长且复杂的营养流动途径的结果。在更复杂的近岸海域环境中，多种初级生产者（大型海藻、海草、浮游植物）为初级消费者提供了碳源（Alfaro 等，2006；Franca 等，2011）；而在远岸海域，海带养殖产生的碎屑在底栖次级生产中占主要地位（Wu 等，2016）。

表7－3　三种鲉科鱼类 $\delta^{15}N$ 值以及与其他研究区域报道值的比较

种类及总长度（mm）	排序	$\delta^{15}N$ (‰)	栖息地类型	地点	参考
斑头鱼					
88～186	1	14.47 ± 0.5	岩礁	黄海	本研究
—	2	14.2	泥质底	黄海	本研究
—	3	11.6 ± 0.6	天然大型海藻床	韩国东海岸	Kang 等，2008
—	4	10.8 ± 0.2	海底贫瘠区	韩国东海岸	Kang 等，2008
—	5	10.8 ± 0.4	修复的大型海藻床	韩国东海岸	Kang 等，2008
—	6	8.4±1.0	天然大型海藻床	中国东海枸杞岛	Jiang，2015
大泷六线鱼					
97～196	1	15.3 ± 0.3	岩礁	黄海	本研究
135～169	2	14.1 ± 0.49	泥质底	黄海	本研究
—	3	11.6 ± 0.4	修复的大型海藻床	韩国东海岸	Kang 等，2008
—	4	11.3 ± 0.9	天然大型海藻床	韩国东海岸	Kang 等，2008
—	5	10.6 ± 0.4	海底贫瘠区	韩国东海岸	Kang 等，2008
—	6	7.5±0.4	天然大型海藻床	中国东海枸杞岛	Jiang，2014
许氏平鲉					
63～174	1	15.0 ± 0.59	岩礁	黄海	本研究
138～178	2	14.5±0.4	海草床	日本濑户内海三口湾	Akira Hoshika 等，2007

（续）

种类及总长度（mm）	排序	$\delta^{15}N$（‰）	栖息地类型	地点	参考
102～166	3	14.4 ± 0.07	泥质底	黄海	本研究
135～146	4	13.4±0.4	海草床	日本濑户内海三口湾	Akira Hoshika等，2006
—	5	12.6 ± 0.3	未知	日本海彼得大帝湾	Kiyashko，2011
—	6	12.3 ± 0.7	天然大型海藻床	韩国东海岸	Kang等，2008
—	7	11.5 ± 0.1	海底贫瘠区	韩国东海岸	Kang等，2008
—	8	11.3 ± 0.6	修复的大型海藻床	韩国东海岸	Kang等，2008

第八章 人工鱼礁生态系统的结构和功能

第一节 引 言

人工鱼礁生态系统作为一种半人工的特殊生态系统，其系统演替过程往往是结构逐步趋于复杂、物种多样性增加、功能更完善和稳定性更强，并具有特定的物质循环和能量流动特点，因此仅从种群和群落角度评价人工鱼礁建设的生态效果并不能全面反映人工鱼礁生态系统的特性，有必要引入生态系统特征参数来评价人工鱼礁生态系统的演变。

EwE（Ecopath with Ecosim）模型自20世纪80年代提出以来，已成为全球水生生态系统建模中应用最为广泛的工具，截至2014年，全球在EcoBase数据库记录的EwE模型已经多达433个（Colléter等，2015）。EwE模型以生态学基本理论为基础，可以有效捕捉各类生态系统的能量流动和结构特征。Steenbeek等（2014）对全球427个EwE模型的统计显示，84%的EwE模型被用于海洋生态系统的分析；另外，85%的EwE模型被用来解决生态系统功能方面的问题，63%的模型分析了渔业对生态系统的影响，因此EwE模型是研究海洋渔业生态系统结构和功能的有效手段。

本章将构建俚岛人工鱼礁生态系统Ecopath模型，并对俚岛人工鱼礁生态系统的结构和功能进行评价。

第二节 材料和方法

一、研究区域

俚岛近岸人工鱼礁区的建设是以潮下带自然礁的外边界进行投石造礁，通过投放人工构造物来扩大鱼类和大型无脊椎生物的适生区，尤其是皱纹盘鲍和刺参，并在此基础上开展资源增殖放流，近岸礁区面积为0.97 km^2（图8-1）。

本章模拟区域覆盖面积为 1.49 km^2，包括近岸自然礁和人工鱼礁区（图 8-1）。尽管模型覆盖的研究区域面积相对较小，但它代表了该区域水域生态系统的典型特征。

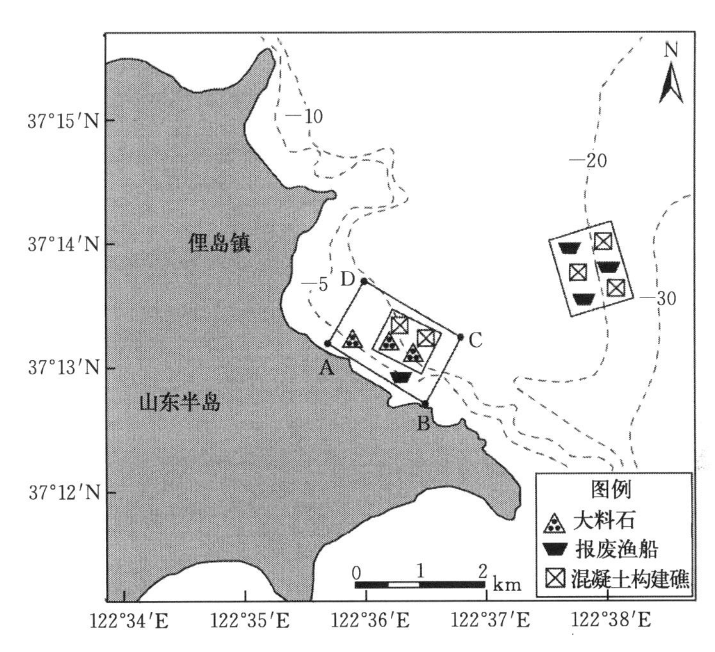

图 8-1　俚岛人工鱼礁区生态系统研究区域示意图

注：正方形 ABCD 表示（A 和 B 代表俚岛高绿渔业公司管理区的上下边界；C 和 D 代表距离海岸 1 km 的点）俚岛近岸人工鱼礁区。20 m 等深线上的方形区域代表远岸人工鱼礁区

二、Ecopath 模型

本章使用 Ecopath with Ecosim（EwE）6.4（Pauly 等，2000；Christense 等，2004；Christensen 等，2005）作为模型构建平台。Ecopath 模块被用来定量生态系统功能组间营养相互作用。其参数化过程基于两个核心方程，其分别用来描述生态系统功能组间物质和能量平衡，方程（1）是把每个功能组的生产划分若干成分，即：生产量＝捕捞量＋捕食死亡率＋生物量积累率＋净迁移＋其他死亡率，方程 1 可以进一步写成：

$$B_i\left(\frac{P}{B}\right)_i EE_i - \sum_{j=1}^{n} B_j\left(\frac{Q}{B}\right)_j DC_{ji} - Y_i - E_i - BA_i = 0 \qquad (1)$$

式中：B_i 是功能组 i 的生物量；P_i 代表功能组 i 的总生产量；P/B_i 是功能组的生产量与生物量的比值；Q/B_j 是捕食者 j 的消费量与生物量的比值；EE_i 是生态营养效率，它表明了生产量的被使用比例；DC_{ji} 是饵料 i 在捕食者

j 的平均食性中的比例；Y_i 是功能组 i 的总捕捞量；E_i 代表净迁徙率（迁出－迁入）；BA_i 是功能组 i 的生物量积累量。

方程（2）表述了每个功能组的能量平衡，可以表述为：

$$消费量（Q）=生产量（P）+呼吸（R）+未利用成分（U）\quad(2)$$

该研究模型中的生产量以湿重（t/km^2）表示，模型中的时间单位是一年，模拟区域的平均水深为 15 m。BA_i 和 E_i 均被假设为稳定状态（$BA_i=0$，$E_i=0$）。为驱动模型，B、P/B、Q/B 和 EE 4 个参数中至少有 3 个需要输入，通常 EE 值的缺失是靠模型来估算，每个功能组同时需要食性、捕捞等信息的输入。

三、功能组划分

俚岛人工鱼礁区生态系统 Ecopath 模型由 20 个功能组构成，代表了 80 个种类和 11 个种类聚合组（如头足类、等足类）（表 8－1）。功能组以物种间相似的生物学或分类学特征（如甲壳动物和棘皮动物），或参考其在生态系统中的生态功能（如小型中上层鱼类和小型底层鱼类）作为划分依据。考虑到刺参和皱纹盘鲍是具有重要经济价值的增殖种类，以及许氏平鲉、大泷六线鱼、斑头鱼在礁区生态系统中的优势种地位，上述种类被划分独立功能组。另根据礁区调查出现的鱼类与鱼礁结构对应位置关系将大部分鱼类划分成 3 个功能组（Nakamura，1985）：Ⅰ型鱼类，身体的一部分或大部分接触鱼礁的鱼类，主要有縫鳚、长绵鳚等；Ⅱ型鱼类，身体不接触鱼礁，但在鱼礁周围游泳和在海底栖息的鱼类，包括石鲽、孔鳐、褐牙鲆等；Ⅲ型鱼类，在离开鱼礁的表、中层水域游泳的鱼类，主要有蓝点马鲛、鲐等。鉴于研究海区存在大规模海藻养殖，考虑到异养细菌在沿岸食物网中链接海带和碎屑生产的重要生态功能（Duggins 等，1989；Bengtsson 等，2011），模型中包含一个异养细菌功能组。

表 8－1　俚岛人工鱼礁生态系统 Ecopath 模型的功能组组成

功能组（种类或分类组数）	种类				
Ⅰ型鱼类	星康吉鳗 黑鲷	长绵鳚	縫鳚	铠平鲉	褐菖鲉
Ⅱ型鱼类	孔鳐 焦氏舌鳎	褐牙鲆	高眼鲽	尖吻黄盖鲽	石鲽
Ⅲ型鱼类	蓝点马鲛	鲐			

（续）

功能组（种类或分类组数）	种类				
许氏平鲉	许氏平鲉				
大泷六线鱼	大泷六线鱼				
斑头鱼	斑头鱼				
小型底层鱼类	纹缟虾虎鱼 斑尾刺虾虎鱼	方氏云鳚	六线鳚	叉杜父鱼	杜父鱼
小型中上层鱼类	尖嘴柱颌针鱼	鳀	青鳞小沙丁鱼	赤鼻棱鳀	斑鰶
刺参	刺参				
皱纹盘鲍	皱纹盘鲍				
甲壳动物	日本蟳	口虾蛄	葛氏长臂虾	鲜明鼓虾	日本鼓虾
	鹰爪虾	脊腹褐虾	细螯虾	疣背宽额虾	日本美人虾
	四齿矶蟹	寄居蟹	肉球近方蟹	泥脚隆背蟹	端足类
	等足类	刺糠虾	涟虫类	双足叶虾	
头足类	长蛸	日本枪乌贼			
软体动物	太平洋牡蛎 香螺	紫贻贝 脉红螺	锈凹螺 朝鲜鳞带石鳖	黄口荔枝螺	蓝无壳侧鳃海牛
棘皮动物	多棘海盘车	光棘球海胆	马粪海胆	海燕	海蛇尾
其他底栖动物	索沙蚕	沙蚕	苔藓动物	腕足动物	
浮游动物	桡足类 海蜇	毛颚类 中国毛虾	被囊类 鱼卵	浮游幼虫	大眼幼体
异养细菌	水体细菌				
底栖藻类和海草	鼠尾藻	刚毛藻属	孔石莼	石花菜	海蒿子
	日本角叉菜	海头红	海带	龙须菜	节荚藻
	铜藻	带形蜈蚣藻	刺松藻	肠浒苔	裙带菜
	鳗草	红须根虾形草			
浮游植物	硅藻和鞭毛藻为主				
碎屑	有机物（溶解态有机物和悬浮颗粒有机物）　死亡生物或垂死的动物　原生生物				

四、输入数据和信息来源

表 8－2 总结了模型中每个功能组和物种的所有参数的数据来源。参数估

测主要来自研究区域调查、其他研究、经验方程估算和模型本身估算。

表 8-2 俚岛人工鱼礁生态系统 Ecopath 模型输入参数的数据来源

营养功能组	生物量	生产量/生物量（P/B）	消费量/生物量（Q/B）	食性	生态营养效率	捕捞量
Ⅰ型鱼类	视觉样线断面调查进行原位评估	Froese 和 Pauly（2009）	Froese 和 Pauly（2009）	原位胃含物分析		GLFCL
Ⅱ型鱼类	视觉样线断面调查进行原位评估	Froese 和 Pauly（2009）	Froese 和 Pauly（2009）	原位胃含物分析		GLFCL
Ⅲ型鱼类	参考数据的修正（程济生，2004）	Froese 和 Pauly（2009）	Froese 和 Pauly（2009）	杨纪明（2001）		GLFCL
许氏平鲉	视觉样线断面调查进行原位评估	Froese 和 Pauly（2009）	Froese 和 Pauly（2009）	原位胃含物分析		GLFCL
大泷六线鱼	视觉样线断面调查进行原位评估	Froese 和 Pauly（2009）	Froese 和 Pauly（2009）	原位胃含物分析		GLFCL
斑头鱼	视觉样线断面调查进行原位评估	Froese 和 Pauly（2009）	Froese 和 Pauly（2009）	原位胃含物分析		
小型底层鱼类	模型评估	Jiang 等（2008）	Jiang 等（2008）	杨纪明（2001）	Jiang 等（2008）	
小型中上层鱼类	参考数据的修正（程济生，2004）	仝龄等（2000）	仝龄等（2000）	杨纪明（2001）		GLFCL
刺参	SUCBA 样方进行现场测定	Okey 等（2004）	Okey 等（2004）	Zhang 等（1995）		GLFCL
皱纹盘鲍	SUCBA 样方进行现场测定	Barkai 和 Griffiths（1988）	Barkai 和 Griffiths（1988）	Guzman del Proo 等（2003）		GLFCL
甲壳动物	视觉样线断面调查进行原位评估	林群等（2013）	林群等（2013）	杨纪明（2001）		
头足类	参考数据的修正（程济生，2004）	Jiang 等（2008）	Jiang 等（2008）	杨纪明（2001）		
软体动物	SUCBA 样方进行现场测定	仝龄等（2000）	仝龄等（2000）	仝龄等（2000）		
棘皮动物	SUCBA 样方进行现场测定	林群等（2009）	林群等（2009）	Tsehaye 和 Nagelkerke（2008）		GLFCL
其他底栖动物	模型评估	周一兵等（1995）	林群等（2009）	Christian 和 Luczkovich（1999）	林群等（2009b）	

（续）

营养功能组	生物量	生产量/生物量（P/B）	消费量/生物量（Q/B）	食性	生态营养效率	捕捞量
浮游动物	现场测量	林群等（2009）	林群等（2009）	Jiang 等（2008）		
异养细菌	赵三军（2002）	赵三军（2002）	模型评估	Jiang 等（2008）		
底栖藻类和海草	SUCBA 样方进行现场测定	Thomas 等（2004）				
浮游植物	现场叶绿素 a 的浓度（宁修仁等，1995；Wang 等，1998；唐启升等，2002）	仝龄（2000）				
碎屑	通过经验公式进行现场评估（Pauly，1993）					

注：GLFCL 表示高绿水产有限公司。

1. 生物量

俚岛 Ecopath 模型共包含 20 个功能组，其中的 14 个功能组生物量信息是来自 2009 年的生物资源调查数据（表 8－2）。鱼类和大型无脊椎动物的生物量数据主要参考 SUCBA 潜水样方、ROV 水下录像、定置网和地笼网调查数据。ROV 水下录像主要用于近岸人工鱼礁区和附近区域收集主要岩礁性鱼类（Ⅰ型鱼类、Ⅱ型鱼类、许氏平鲉、大泷六线鱼和斑头鱼）和大型无脊椎动物数量及规格等信息。

获取的岩礁区鱼类密度信息和体长-体重关系被用来估算岩礁性鱼类的生物量。SUCBA 潜水样方调查主要用来定量大型无脊椎动物群落的生物量，包括刺参、皱纹盘鲍、甲壳动物、棘皮动物和软体动物功能组。头足类、小型中上层鱼类和Ⅲ型鱼类功能组的种类组成通过研究区域的定置网周年调查获得，这些功能组的生物量估算参考黄海近岸水域的生物群落调查研究（程济生，2004）。

浮游异养细菌的生物量和生产量参考自黄海异养细菌的生态学研究（赵三军等，2002），以 6.06（DeLaca，1986）为系数从碳单位转换为湿重。碎屑生物量参考 Pauly 等（1993）的研究估算。

浮游植物生物量的估算通过转换年平均叶绿素浓度得到，基于如下关系：有机碳：叶绿素 a＝43：1（Wang 等，1998）；有机碳：干重＝35：100（宁修仁等，1995）；干重：湿重＝1：2.86（唐启升等，2002）。

小型底层鱼类和其他底栖动物功能组的生物量，分别参考 Jiang 等

（2008）和林群等（2009b）的研究，提前设定 EE 值，利用模型本身估算相应的生物量。

2. 生产量/生物量（P/B）和消费量/生物量（Q/B）

模型中鱼类的 P/B 值（瞬时总死亡系数 Z）（Allen 1971）等于自然和捕捞死亡系数之和。捕捞死亡系数取自模型中捕捞产量和模型当前生物量的比值。自然死亡系数取自于 Fishbase（Froese 等，2009），采用 Pauly（1980）的线性方程进行估算。除小型中上层鱼类和小型底层鱼类外，其他鱼类功能组 Q/B 的估值通过 Fishbase（Froese 等，2009）估算，其中栖息地年平均水温使用 12.8 ℃。其他底栖动物功能组的 P/B 值参考自北黄海沿岸相同种类的研究（周一兵等，1995）。皱纹盘鲍的 P/B 和 Q/B 取自相似种类南非鲍的能量收支实验成果（Barkai 等，1988），水体异养细菌的 P/B 值取自黄海生态系统的研究结果（赵三军，2002），Q/B 比值通过模型进行估算。其余功能组的 P/B 和 Q/B 取自其他相关研究（表 8-2）。

3. 食性组成

根据前期在研究区对于Ⅰ型鱼类、Ⅱ型鱼类和许氏平鲉等 423 个胃含物分析样本进行的研究结果，同时结合其他发表和未发表的摄食信息用于构建模型的功能组食性矩阵（表 8-3）。

4. 捕捞量

模型中包含了三种捕捞方式，分别为定置网（捕捞对象为Ⅱ型鱼类、Ⅲ型鱼类、小型中上层鱼类）、地笼网（捕捞对象为Ⅰ型鱼类、许氏平鲉、大泷六线鱼）和潜水采捕（捕捞对象为刺参、皱纹盘鲍、以光棘球海胆为主的其他棘皮动物）。研究海域为山东高绿水产有限公司确权海域，由该公司负责该片水域的日常捕捞和养护工作，模型中采用的渔获量数据参考山东高绿水产有限公司 2009—2012 年的生产记录。

五、模型输入参数的不确定性和敏感度

Ecopath 模型输入参数的不确定性可以通过 Pedigree 指数（简称 P 指数）来分析。P 指数可以量化评价数据和模型的整体质量（Christensen 等，2004）。对于模型中每一输入的参数，按照数据来源的质量进行排序（次序为直接测定、经验估算、来自其他模型、其他参考文献）。对于 B、P/B、Q/B 及 DC 等参数，不确定性的范围为 0～1。基于每个功能组的 P 指数，可进一步计算 Ecopath 模型的总体质量 P 指数。

为了确定 Ecopath 模型基本输入中未确定参数水平对模型精度的影响，以及计算输入数据在一定区间的变化率对估算数据变化率的影响程度，需要进行 Ecopath 模型建立中的数据敏感性分析，分析 4 类基本输入参数中 B、P/B、

表 8-3　俚岛人工鱼礁生态系统 Ecopath 模型中功能组食性矩阵

功能组	饵料/捕食者	1	2	3	4	5	6	7	8	9	10	11	12	13	14	15	16	17
1	Ⅰ型鱼类	0.020																
2	Ⅱ型鱼类	0.010	0.030															
3	Ⅲ型鱼类																	
4	许氏平鲉																	
5	大泷六线鱼	0.050	0.050		0.030	0.010												
6	斑头鱼	0.151	0.100		0.120													
7	小型底层鱼类	0.230	0.250		0.226	0.304	0.173	0.010					0.100					
8	小型中上层鱼类		0.050	0.865	0.150	0.092	0.055	0.004	0.017				0.100					
9	刺参	0.001													0.001			
10	皱纹盘鲍	0.001											0.005	0.001	0.005			
11	甲壳动物	0.101	0.120	0.083	0.203	0.203	0.144	0.200	0.158			0.150	0.300		0.030			
12	头足类	0.030	0.050	0.052	0.002				0.023									
13	软体动物	0.162	0.060		0.007	0.056	0.033	0.065		0.055	0.010	0.175	0.295	0.050	0.010			
14	棘皮动物	0.115	0.020		0.120	0.050						0.020	0.020					
15	其他底栖动物	0.100	0.170		0.136	0.240	0.205	0.100		0.010	0.010	0.200	0.040					
16	浮游动物	0.028	0.100		0.007	0.036	0.323	0.564	0.772	0.016	0.021	0.050	0.100	0.050		0.110		
17	异养细菌									0.005		0.020		0.020		0.050		0.005
18	底栖藻类和海草				0.000	0.009	0.067	0.057		0.158	0.939			0.180	0.766	0.250		
19	浮游植物								0.030	0.005		0.080		0.200		0.040	0.800	0.050
20	碎屑									0.751	0.020	0.305	0.040	0.500	0.188	0.550	0.200	0.945

EE 对估算参数 B 的敏感性。模型通过模拟所有基本输入参数（P/B、B、EE、Q/B）以10%的步长发生改变，变动范围位于−50%～50%，以测试这种变化对每个功能组缺省值的影响。数据敏感性计算：（估计参数−原始参数）/原始参数（Christensen等，2004）。

六、模型平衡调试

Ecopath模型的平衡调试过程参考Blanchard等（2002）描述的步骤进行，首先，所有输入参数值被检验是否在生物学可信参数范围内。EE 是一个较难获得的参数，在Ecopath模型的输入参数中，通常设置大部分功能组的 EE 为未知数，初始参数化估计后，调整所有功能组 EE 范围为 $0<EE\leqslant1$，使模型平衡。经过初次运行，不可避免地部分功能组的 EE 值均大于1。通过对上述功能组的食性矩阵进行调整，直至所有 EE 最终小于1。

模型平衡后的结果可通过检验是否符合热力学规律来评价其运行质量。如检测呼吸与同化比（R/A指数），因为生物的呼吸不能超过同化，所以这个无量纲的比值不能超过1，但顶层捕食者的R/A比预计将接近1，而低营养级的生物R/A将非常低（但仍为正值）。图8-2显示R/A在营养级间的分布，正斜率表明模型符合热力学规律。

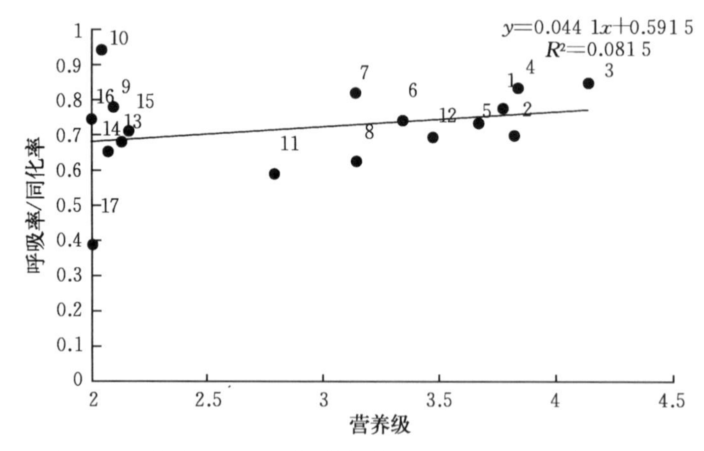

图8-2　俚岛Ecopath模型估测的呼吸同化比和营养级关系

1. Ⅰ型鱼类　2. Ⅱ型鱼类　3. Ⅲ型鱼类　4. 许氏平鲉　5. 大泷六线鱼　6. 斑头鱼　7. 小型底层鱼类　8. 小型中上层鱼类　9. 刺参　10. 皱纹盘鲍　11. 甲壳类　12. 头足类　13. 软体动物　14. 棘皮类　15. 其他底栖动物　16. 浮游动物　17. 异养细菌

另外可检验各功能组的毛效率，它代表了生产量与消费量的比值，模型平衡后，确保其值范围在10%～30%（理论上除快速生长的生物如珊瑚外），因为多数功能组的消费量被认为在生产量的3～10倍，本模型中只有异养细菌具

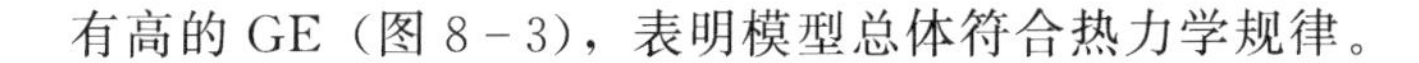
有高的 GE（图 8-3），表明模型总体符合热力学规律。

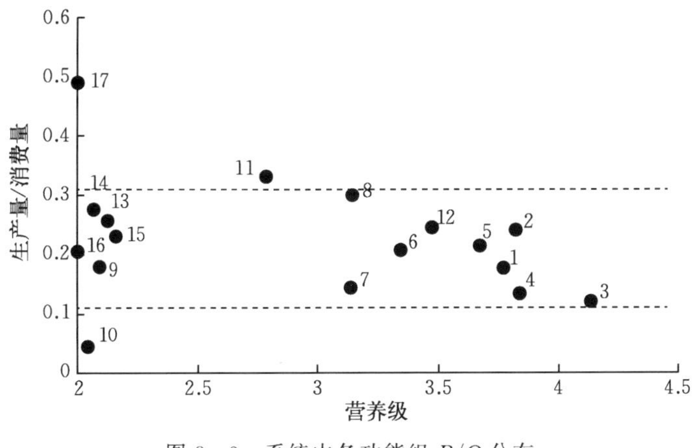

图 8-3 系统中各功能组 P/Q 分布

注：图中代码如图 8-2 所述

七、混合营养效应

混合营养效应（Mixed trophic impact，MTI）用来评价功能组间的直接和间接营养影响以及渔业生产对生态系统的影响（Ulanowicz 等，1990a；Christensen 等，2005）。MTI 是通过对一个功能组施加一个微弱的生物量增量进而评价对另外一个功能组的营养和生物量的影响，因此也是一种模型敏感度分析的方式。

八、关键种指数

Ecopath 模型中的关键种指数分析是由 Libralato 等（2006）提出并建立在混合营养效应（MTI）分析基础上的一个模块，生态系统中关键种是指那些生物量相对低但在生态系统和食物网中对营养循环起着重要作用的生物种类（Power 等，1996）。通过绘制每一个功能群的总体效应与关键指数的对应图，可以辨识关键种（Libralato 等，2006）。

九、网络分析

Ecopath 模型中包含诸多可以表示系统规模、稳定性和成熟度等生态系统特征的指标。系统总流量（Total system throughput，TST）是表征生态系统总体规模的指标，它是总消耗（Total consumption，TC）、总输出（Total exports，TEX）、总呼吸（Total respiratory flows，TR）以及流向碎屑能量（Total flows into detritus，TDET）的总和（Ulanowicz 等，1990b）。流向碎

屑能量指各功能组中进入碎屑的能量总和，即进入分解者亚系统的能量，包括摄食后未吸收的生物量、粪便、因疾病和活到生理寿命死亡等未被利用的能量总和。系统输出量指以捕捞和沉积的形式脱离生态系统，矿化为沉积物等，不再参与生态系统循环的能量。净系统生产量（Net system production，NSP）是总初级生产力和总呼吸量的差值。连接指数（Connectance Index，CI）和系统杂食指数（System Omnivory Index，SOI），均是反映系统内部联系复杂程度的指标。净系统生产量表示所有生产者的生产力之和。Finn's 循环指数（Finn's cycling index，FCI）指的是系统中重新进入再循环的营养流总量与系统总流量的比值；而 Finn's 平均路径长度（Finn's mean path length，FML）指的是每个循环流经食物链的平均长度（Finn，1980）。系统缓冲干扰空间（System Overhead，SO）是容量（Capacity）和权势（Ascendancy）之间的差异，这个差异值提供了权势增加的限度，并反映了系统"缓冲干扰"的空间。营养级平均传递效率（Mean transfer efficiency，MTE），代表每个营养级被输出或传递到其他营养级的能量占该营养级总流量的比例。其他系统参数还包括总生产量（Sum of all production，TP）、总初级生产力（Calculated total net primary production，TPP）、总生物量（Total biomass，TB）、总初级生产力/总生物量（Total primary production/total biomass，TPP/TB）、总初级生产力/总呼吸量（Total primary production/total respiration，TPP/TR）、平均捕捞营养级（Mean trophic level of catch，TLc）、毛效率（Gross efficiency，GE）、维持渔业生产的初级生产量（Primary production required to sustain the fishery，PPR）、始于碎屑的总流量比例（Proportion of total flux originating from detritus，PTD）等（Christensen 等，2005）。

第三节　结　　果

一、模型质量评价和敏感度分析

本研究构建的 Ecopath 模型质量 P 指数为 0.57，与全球 150 个 Ecopath 模型的质量 P 指数范围 0.16～0.68 相比（Morissette 等，2006），处于中上等水平。表明该模型输入数据的可靠性较好，模型的可信度较高。

俚岛人工鱼礁区生态系统 Ecopath 模型中，输入数据的变化率在－0.500～0.500 范围内变化时，估算数据变化率在－0.452～1.17 范围内变动，即输入数据变化时，相关估算数据有减小或增大两种可能，其中减小的最大值是 0.452，增大的最大值为 1.17；随着输入数据变化率向 0 趋近时，估算数据变化率范围逐渐缩小。当输入数据变化率由 0 增大或减小时，估算数据变化率的变化范围逐渐增加。在输入数据变化率为 0.500 时，估算数据变化率的变化范围处在－0.35～0.452；在输入数据变化率为－0.500时，估算数据变化率的变化范围处在－0.452～1.17。

估计参数对不同功能组输入参数变化的敏感度取决于这些功能组之间的营养联系度。小型底层鱼类 P/B 值的变化对相应生物量估算值的影响较大，当 P/B 下降50%时，会导致小型底层鱼类生物量估算值变化1.17，影响最大；其他底栖动物功能组中 EE 的变化对相应生物量估值影响较大，当其他底栖动物的 EE 下降50%时，将导致对应生物量估算值改变100%（图8－4）。

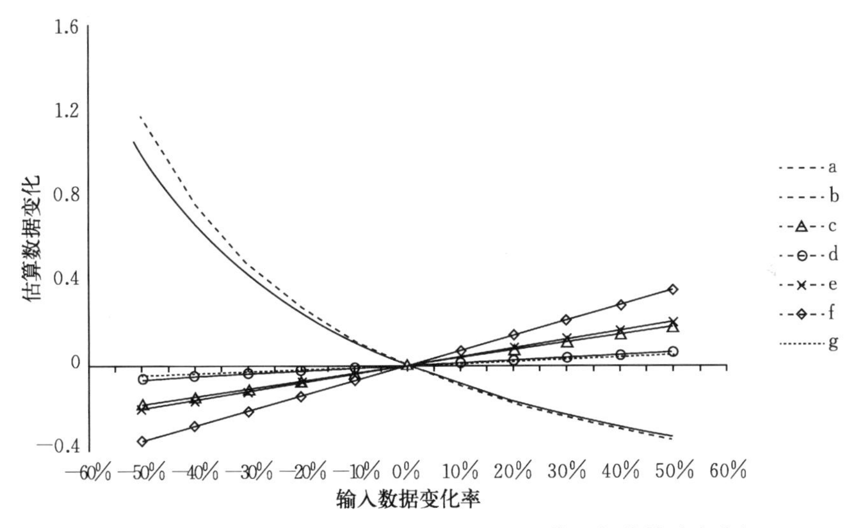

图8－4　俚岛人工鱼礁区生态系统Ecopath模型部分敏感度分析

a. 小型底层鱼类 P/B 变化对小型底层鱼类 B 的敏感度变化　b. 其他底栖动物 EE 变化对其他底栖动物 B 的敏感度变化　c. 许氏平鲉 B 变化对小型底层鱼类 B 的敏感度变化　d. 大泷六线鱼 B 变化对小型底层鱼类 B 的敏感度变化　e. 斑头鱼 B 变化对小型底层鱼类 B 的敏感度变化　f. 甲壳类 B 变化对其他底栖动物 B 的敏感度变化　g. 皱纹盘鲍 B 变化对其他底栖动物 B 的敏感度变化

二、生态系统结构和营养级

在俚岛人工鱼礁Ecopath模型中，对总生物量贡献最大的是底栖初级生产者，约占系统总生物量的49%（表8－4）。营养级为2～2.5的功能组为系统贡献了第二高的生物量（约40%）。高于2.5的营养级，包括小型底层小鱼、小型中上层小鱼、斑头六线鱼、头足类、大泷六线鱼、许氏平鲉鱼以及Ⅰ型鱼类、Ⅱ型鱼类和Ⅲ型鱼类这些功能群，只占小于3%的总系统生物量。底层鱼类和大多数无脊椎动物（刺参、皱纹盘鲍、甲壳类、软体动物、棘皮动物、其他底栖动物），约占总系统生物量的48.9%，这突出了底栖成分在食物网中的优势。

表 8-4　俚岛人工鱼礁生态系统 Ecopath 模型功能组的输入和输出参数

功能组	生物量 (t/km²)	生产量/生物量	消费量/生物量	生态营养效率	捕捞量 [t/(km²·a)]	营养级
Ⅲ型鱼类	0.252	1.1	8.8	**0.148**	0.040	**4.1**
Ⅰ型鱼类	0.091	0.9	4.8	**0.243**	0.010	**3.8**
Ⅱ型鱼类	0.083	0.9	3.8	**0.247**	0.005	**3.8**
许氏平鲉	1.126	0.9	6.8	**0.386**	0.400	**3.8**
大泷六线鱼	0.583	0.7	3.4	**0.816**	0.060	**3.7**
头足类	0.250	2.9	12.0	**0.858**	—	**3.5**
斑头鱼	1.673	1.4	6.7	**0.440**	—	**3.3**
小型底层鱼类	**4.030**	1.3	9.3	0.950	—	**3.1**
小型中上层鱼类	2.600	2.4	7.9	**0.808**	0.300	**3.1**
甲壳动物	11.403	5.6	16.9	**0.905**	—	**2.8**
其他底栖动物	**13.554**	6.4	27.8	0.628	—	**2.2**
刺参	98.000	0.6	3.4	**0.688**	40.000	**2.1**
软体动物	24.700	4.4	17.2	**0.793**	—	**2.1**
棘皮动物	95.600	1.3	4.7	**0.282**	30.000	**2.1**
皱纹盘鲍	52.500	0.5	9.9	**0.773**	16.000	**2.0**
浮游动物	10.738	25.0	122.1	**0.482**	—	**2.0**
异养细菌	1.258	84.1	**171.6**	**0.321**	—	**2.0**
底栖藻类和海草	283.000	9.9	—	**0.379**	—	**1.0**
浮游植物	18.763	71.2	—	**0.881**	—	**1.0**
碎屑	130.000	—	—	**0.420**	—	**1.0**

注：粗体为模型估计的参数。—表示数值空缺。

20 个功能组的营养级位于 1.0～4.1（表 8-4），其中营养级 1.0 的功能组主要为初级生产者（浮游植物、底栖藻类和海草）和碎屑，最高营养级由Ⅲ型鱼类（蓝点马鲛）占据。所有鱼类功能组的平均营养级为 3.6±0.36，其中小型中上层鱼类功能组的营养级最低（3.2）。所有无脊椎动物功能组的平均总营养级几乎比鱼类低一个营养级，其中刺参和皱纹盘鲍在所有无脊椎动物消费者中的营养级最低，而头足类功能组是无脊椎动物中营养级最高的。大部分功能组（其中 14 个）的营养级低于 3.5，表明俚岛人工鱼礁生态系统以低营养级功能组为主。

三、营养级间的能量流动及转换效率

图 8-5 为俚岛人工鱼礁生态系统的能量流动图，该图显示了整个礁区所有功能组的营养流动关系，以及生物量、生产量、消费量和能量在各功能组之间的输入与输出。从图中可以分析流入碎屑的能量、呼吸消耗的能量以及捕捞所减少的能量等。模型以图的形式表示系统中生物功能组之间的食物竞争和相互捕食的影响。

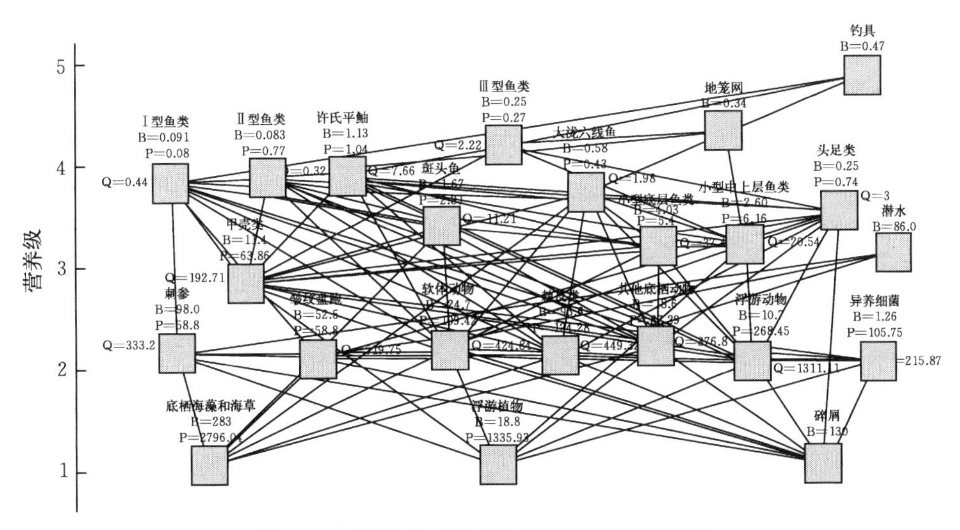

图 8-5　俚岛人工鱼礁生态系统能量流动图

为简化复杂的食物网关系，Ecopath 模型将整个生态系统来自不同功能组的营养流合并为数个整合营养级（以整数表示）。俚岛人工鱼礁生态系统能量流动主要在 6 个整合营养级间发生。平均能量转换效率是指每个营养级总能量中传递给另外一个营养级的比例。俚岛人工鱼礁生态系统总体能量转化效率中，生产者和碎屑的能量转换效率分别达到 11.1%和 12.7%，总体平均能量转换效率为 11.7%。能量中来自碎屑的比例为 36.5%，而直接来源于初级生产者的比例为 63.5%，这反映了初级生产者（海草和大型藻类群落）对次级生产力的贡献，表明系统的能量流动通道以牧食食物链为主导。能量流动起始于有机碎屑的食物链，营养级 1 的平均能量转换效率为 13.0%。起始于初级生产者的食物链中，营养级 1 的平均能量转换效率为 8.84%；营养级 2 的平均能量转换效率为系统最高，达到 13.9%。起始于碎屑食物链的平均能量转化效率在营养级 2 也增加为 13.8%，之后有机碎屑在能量流动过程中的平均转换效率逐渐降低，营养级 5 以上的平均能量转换效率则降到 7.72%（表 8-5）。生态系统营养级 1 中，54%的能量流动被次级捕食所消耗。各营养级流向碎屑的能量流动比例在30%左右，相比而言，营养级2、3、4被次级捕食所消耗的能量流动比例低于15%。接近60%的系统总能流以呼吸的形式被消耗（图8-6）。

表8-5 俚岛人工鱼礁区生态系统各营养级的能量转换效率（%）

能量来源	营养级				
	2	3	4	5	6
生产者	8.84	13.9	11.0	9.73	7.74
碎屑	13.0	13.8	11.6	9.52	7.72
总流动	10.4	13.8	11.2	9.63	7.73
流量中来自碎屑的比例	0.41				
生产者转换效率	11.1				
碎屑转换效率	12.7				
总转换效率	11.7				

碎屑食性与草食性种类之比（D∶H）为0.58，表明在该生态系统中食草性生物比碎屑食性生物更重要。每年从营养级1转化到营养级2的总能量估计为3 524 t/km²，其中2 237 t/km²（63%）来自初级生产者，1 287 t/km²来自碎屑。营养级1中超过一半（54%）的系统总流量被捕食者直接消耗，这表明营养级1和营养级2之间存在强烈的相互作用，远远大于营养级2～4的系统总流量（≈9%）(图8-6)。相比之下，营养级2之后，呼吸消耗上升，占营养级2～4总能量流动的60%，而流向碎屑的能量比例为7%～12%（图8-6）。

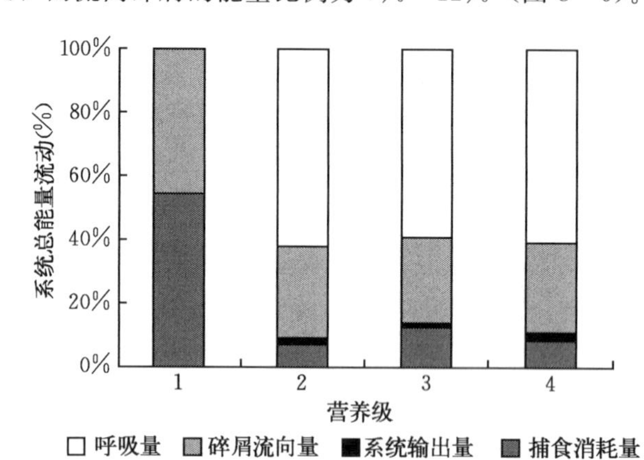

图8-6 俚岛人工鱼礁生态系统各营养级主要能流与系统总能量流动关系

四、混合营养效应和关键种指数

MTI分析表明，底栖藻类和海草的生物量增加10%对食草动物的生物量和营养流存在积极影响（图8-7）。底栖大型植物生物量增加10%的主要负影响是底栖藻类和海草生物量下降近30%，异养细菌生物量减少10%。这主要是因为草食性动物群体（鲍、棘皮动物）和摄食藻类碎屑的其他底栖生物（多毛类动物）的生物量增加（图8-7）。

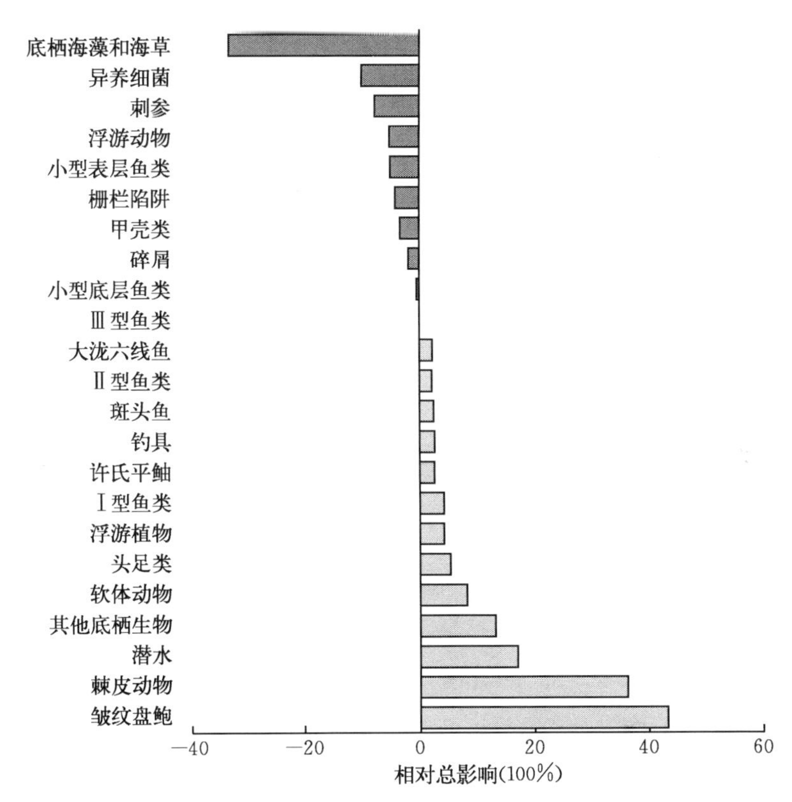

图8-7　俚岛人工鱼礁Ecopath模型中底栖藻类和海草功能群生物量增加10%的混合营养效应分析

表8-6　俚岛人工鱼礁Ecopath模型功能组的关键种指数和相对总影响

组号	组名	关键种指数	相对总影响
16	浮游动物	−0.18	1.00
4	许氏平鲉	−0.20	0.94
8	小型中上层鱼类	−0.23	0.88
15	其他底栖动物	−0.23	0.88
11	甲壳类	−0.26	0.83
19	浮游植物	−0.26	0.84
13	软体动物	−0.43	0.57
10	皱纹盘鲍	−0.45	0.58
14	棘皮动物	−0.45	0.62

（续）

组号	组名	关键种指数	相对总影响
6	斑头鱼	−0.46	0.52
18	底栖藻类和海草	−0.48	0.91
3	Ⅲ型鱼类	−0.51	0.45
7	小型底层鱼类	−0.51	0.46
9	刺参	−0.65	0.40
1	Ⅰ型鱼类	−0.91	0.18
5	大泷六线鱼	−0.91	0.18
12	头足类	−1.05	0.13
17	异养细菌	−1.14	0.11
2	Ⅱ型鱼类	−1.39	0.06

注：相对总影响是基于混合营养效应分析，是每个功能组相对于最大影响的比值。

许氏平鲉在所有功能组中有第二高的相对总影响（0.94）和关键种指数（−0.20），但生物量在所有功能组中最低，表明它是一个潜在的关键物种。相对总影响和关键种指数排名最高的功能组是浮游动物（−0.18 和 1.00），其他底栖生物和小型中上层鱼类的值也较高（−0.23 和 0.88，表 8－6），但这些群体的生物量要远远高于许氏平鲉，因此可定义为结构型功能组。

五、网络分析和生态系统属性

模型估算的年系统总流量为 11 104 t/km²，其中 41%的流量来自碎屑。与其他热带和亚热带岩礁生态系统相比，如厄瓜多尔 Galápagos 潮下带岩礁区、红海沿岸和西澳大利亚朱里安湾，俚岛人工鱼礁生态系统的年总生物量（不包括碎屑）较低（620.20 t/km²）（表 8－7）。系统中总的初级生产力超过呼吸作用（TPP/TR=1.82），模型中所有功能群的总初级生产力与总生物量之比为 6.66。

俚岛人工鱼礁生态系统的平均营养级（2.09）是所有生态系统中第二低的值，接近墨西哥 Tortugas 岩礁生态系统的估值（2.07），略低于智利的 Tongoy 湾潮下带系统的估值（2.14）（表 8－7）。而表征渔业产量与初级生产比率的总渔获量效率为 0.02，与 Tongoy 湾的总渔获量效率相同，高于其他系统的总渔获量效率（表 8－7）。俚岛人工鱼礁生态系统的连接指数和系统杂食指数（0.32 和 0.14）与苏格兰西部海岸生态系统的接近，但远小于红海沿岸的值（表 8－7）。俚岛人工鱼礁生态系统的碎屑再循环程度低，营养路径相对较短，与 Tongoy 湾、红海沿岸和地中海沿岸岩礁潮下带群落的营养路径在数量上相似。尽管维持俚岛人工鱼礁生态系统渔业所需的初级生产量（PPR）（18.6%）低于西澳大利亚 Jurien 湾的初级生产量（36.9%）（表 8－7），但与其他沿岸岩礁生态系统相比，初级生产量较高（Pauly 和 Christensen，1995）。

表 8-7 俚岛人工鱼礁生态系统属性与其他沿海鱼礁生态系统比较

项目	俚岛人工鱼礁区	厄瓜多尔 Galápagos 潮下带岩礁区	西澳大利亚 Jurien 湾	红海沿岸	智力 Tongoy 湾潮下带	智力 Tongoy 湾浅水区	苏格兰西部沿岸海域	墨西哥 Tortugas 岩礁生态系统	法国科西嘉 Calvi 湾潮下带	中值	单位
资料来源	本研究	Okey 等 (2004)	Lozano - Montes 等 (2011)	Tsehaye 和 Nagelkerke (2008)	Ortiz 和 Wolff (2002)	Wolff (1994)	Haggan 和 Pitcher (2005)	Morales - Zárate 等 (2011)	Pinnegar (2000)		
地理坐标	37°13′N	01°40′N	30°18′S	15°61′N	30°15′S	30°15′S	55.30′N	27.67′N	42°35′N		
系统总流量	11 104	94 850	15 343	66 249	20 593.9	20 834.9	13 672	553	13 535	15 343	t/(km² • a)
总生产量	4 990.33	17 337	4 318	25 927	9 976.4	9 689.1	6 267	—	3 670.0	7 978.05	t/(km² • a)
总初级生产力	1 865.24	13 250	2 598	18 179	8 541.6	7 125	5 600	—	1 929.396	6 362.5	t/(km² • a)
浮游植物生物量	18.763	12	17.1	20.5	28	28	80.000	—	4.570	19.631 5	t/(km² • a)
总初级生产力/总呼吸量	1.82	0.48	1.1	1.002	2.7	1.772	4.509	1.05	0.796	1.1	—
总初级生产力/总生物量	6.66	5.06	2.1	11.95	12.22	30.148	31.608	1.34	1.503	6.66	—
总生物量/系统总流量	0.06	0.03	0.08	0.023	0.034	0.011	0.013	—	0.095	0.032	—
总生物量（除碎屑以外）	620.20	2 620	1 229	1 521	699.03	236.3	177.168	119.13	1 284.056	699.03	t/km²
始于碎屑的总流量比例	0.41	0.62	0.35	—	0.35	0.46	—	—	0.56	0.435	—

（续）

项目	俚岛人工鱼礁区	厄瓜多尔 Galápagos 潮下带岩礁区	西澳大利亚 Jurien 湾	红海沿岸	智力 Tongoy 湾潮下带	智力 Tongoy 湾浅水区	苏格兰西部沿岸海域	墨西哥 Tortugas 岩礁生态系统	法国科西嘉 Calvi 湾潮下带	中值	单位
资料来源	本研究	Okey 等（2004）	Lozano - Montes 等（2011）	Tsehaye 和 Nagelkerke（2008）	Ortiz 和 Wolff（2002）	Wolff（1994）	Haggan 和 Pitcher（2005）	Morales - Zárate 等（2011）	Pinnegar（2000）		
地理坐标	37°13′N	01°40′N	30°18′S	15°61′N	30°15′S	30°15′S	55.30′N	27.67′N	42°35′N		
营养级平均传递效率	11.7	—	9.6	8.6	11.5	14.7	—	—	11.3	11.4	%
平均营养级	2.09	2.27	2.9	3.84	2.14	3.63	3.5	2.07	3.77	2.9	—
总渔获量效率	0.02	0.000 3	0.000 6	0.000 11	0.02	0.008 9	0.000 335	—	—	0.000 6	—
维持渔业生产的初级生产量	18.6	—	36.9	—	—	—	—	—	—	28.365	%
Finn's 循环指数	5.46	—	—	10.76	2.6	10.1	0.54	—	21.69	7.78	%
Finn's 平均路径长度	2.69	—	—	3.644	2.41	4.91	2.06	—	4.26	3.167	—
连接指数	0.32	—	0.16	0.463	0.195	—	0.288	0.23	—	0.259	—
系统杂食指数	0.14	—	0.25	0.206	0.139	—	0.175	0.23	0.344	0.206	—
系统缓冲干扰空间	72.7	—		72	72	67.4	—	80	—	72	%
模拟区面积	1.49	6.44	823	6 000	—	—	31 085	—	22		km^2
功能组数量	20	43	80	19	24	17	37	23	27		—

第四节　讨　　论

俚岛人工鱼礁生态系统是我国北方近岸岩礁水域的典型代表，如模型分析结果所示，其特点是底栖生物生产力大于水体生物生产力，低营养级消费者在生态系统和商业捕捞中占主导地位，特别是食碎屑的刺参和草食性的鲍。

生态系统属性评价和模型结果的估计取决于模型中参数的数据质量、模型结构和对模拟系统的定义（Freire 等，2008；Metcalf 等，2008）。体现模型数据来源质量的 P 指数结果显示，俚岛人工鱼礁生态系统 Ecopath 模型 P 指数为 0.57，与全球 150 个 Ecopath 模型的 Pedigree 指数相比，该指数处于中等偏上水平（0.16～0.68，Morissette 等，2006），表明模型输入数据的可靠性较好，模型的可信度较高。输入数据中的不确定性主要源于部分功能群（如甲壳类动物）中的生物学参数，进一步获取这些功能群的知识将增强模型的预测能力。

一、能量流动

该系统中几乎所有的生物量都集中在前两个营养级，刺参、鲍和棘皮动物是消费者生物量的主要组成部分。较低营养级消费者的生物量优势可能归因于该区域底栖大型藻类和海草的高生产力和现存量，这在以往的调查研究中有所证实（郭栋等，2010；张磊等，2012）。底栖大型植物不仅为沿岸水域的海洋生物提供了栖息地，还通过各种营养途径提供了重要的食物来源（Ortiz 和 Wolff，2002；Okey 等，2004；Pinnegar 和 Polunin，2004；Gao 等，2011；Lozano - Montes 等，2011；Liu 等，2013；Loneragan 等，2013）。

刺参等底栖生物种类和功能组的高生物量可能与该系统高碎屑量（130 t/km^2）有关（Lin 等，2013）。根据 Krumhansl 和 Scheibling（2012）的研究，褐藻类碎屑年平均生产率占褐藻类年生产量的 82%。因此，在俚岛近岸水域，碎屑很可能从周围养殖的海带养殖场得到大量补充。

俚岛近岸人工鱼礁生态系统中存在 3 条营养途径，其中 2 条涉及牧食途径：一条以大型底栖藻类为基础，支持鲍和海胆的生产；另一条是基于浮游生物营养途径，连接浮游动物和小型中上层鱼类以及位于中上层食物网顶端Ⅲ型鱼类；第三条是以碎屑为基础，以刺参和其他底栖生物为主的能量流动途径。总的来说，在生态系统中，由底栖藻类和海草支持的牧食途径比碎屑途径更重要，因为碎屑食性与草食性比例为 0.58∶1。这一结论与碎屑能流通路占主导地位的一些温带生态系统形成明显对比（Berry 等，1979；Manickchand - Heileman 等，1998；Pinnegar，2000；Pinkerton 等，2008）。俚岛地区的这种差异很可能是由区域性的投放人工鱼礁和在礁区增殖放流高经济价值的商业种类干预造成的，特别是大规模增殖放流刺参、皱纹盘鲍等。人工鱼礁可为固着的大型底栖藻类提供附着基质，从而为人工鱼礁及其附近自然礁的鱼类提供食物来源。这种通过改善栖息地和实施增殖放流计划来增加商业无脊椎动物种类产量的方式，被称为海洋牧场（Spanier，1989；Bell 等，2006）。

礁区生态系统不同营养级间能量传递效率为 11.7%，略高于 Linderman（1942 年）（10%）以及 Pauly 和 Christensen（1995）（48 个水生群落的平均传递效率为 10.1%）的研究结果，但低于 Ryther 于 1969 年报道的全球沿岸海区 15%的营养级传递效率，这可能与系统的高能量输入有关。生态系统对初级生产者存在较高的捕食压力，54%的初级生产力直接被第二营养级消耗，而多数沿岸生态系统中初级生产力进入高营养级水平是通过碎屑通道（Heileman 等，1998）。

二、生态系统的成熟度和稳定性

俚岛人工鱼礁生态系统 Ecopath 模型估算的系统总流量和总产量较低，表明与全球其他岩礁或近岸生态系统相比，该系统的内部能量相对较低（表 8-7）。该系统中总初级生产力与总呼吸的比值（1.84）大于成熟系统的比值（Odum，1971），表明俚岛生态系统正处于发展阶段。目前，俚岛人工鱼礁生态系统的缓冲干扰空间在温带岩礁生态系统中处于中等水平（表 8-7），这表明它具有适度的冗余度，并具有抵御干扰的能力。度量系统成熟度的 Finn's 循环水平（5.46%）（Rutledge 等，1976）和缓冲干扰空间（72.2%）值处于记录值的中低范围内，表明系统可能在发展的各阶段间波动。

系统成熟度也可以通过连接指数和系统杂食指数来评估，因为随着食物链接近成熟，食物链会从线性变为网状（Odum，1971）。俚岛人工鱼礁生态系统这两个指数的低值意味着生态系统各组成部分之间的营养相互作用较弱。总体而言，俚岛人工鱼礁生态系统的成熟度、稳定性和抗扰动性相对较低，表明系统处于发展阶段，而不是成熟阶段。

三、渔业状况及其对生态系统的影响

尽管当前生态系统中收获的渔业资源总生物量相对较高（86.82 t/km^2），但渔获量的平均营养水平较低（2.09），明显低于全球沿岸或岩礁生态系统渔获物平均营养级估值（2.5）（Pauly 和 Christensen，1995）。俚岛人工鱼礁生态系统中渔获物的低营养级水平主要是由于当地渔业的高度选择性，以草食和碎屑食性种类为目标——主要是刺参、其他棘皮动物（多棘海盘车、光棘球海胆）和皱纹盘鲍。该系统中强烈的捕捞压力被认为造成黄海海域顶层捕食者资源的补充型捕捞过度（Jin 和 Tang，1996；Liu，2013），导致出现“捕捞降低食物网”的区域性案例（Pauly 等，1998）。由于市场对刺参（Chen，2005）、鲍（Zhang，2001）和海胆（Ding 等，2007）的需求不断增加，经济利益的刺激驱动捕捞业对当地资源种群产生巨大压力。

第九章 基于生态系统的人工鱼礁区渔业管理模拟

第一节 引 言

基于生态系统的渔业管理模式（EBFM）已成为当前世界性的渔业管理理念，被越来越多的研究者和国际组织所接受，并已成功应用到渔业管理之中（Pikitch 等，2004）。而生态模型为 EBFM 的实践提供了科学的评估方法和技术工具，通过模拟评价相关选择性渔业管理策略和环境变动对生态系统的影响，可实现生态系统潜在生态风险的预警。

人工鱼礁为增殖放流生物提供了重要的生息场，尤其是对一些喜好岩礁生境的生物而言，如刺参和皱纹盘鲍，人工鱼礁区是其重要的底播增殖场所。为此，确定人工鱼礁区增殖目标生物的生态容纳量和合理放流数量成为需要考虑的重要方面。通常，礁区放流生物密度的大小会直接影响增殖放流效果。放流密度过小，导致礁区生产潜力发挥不足；放流密度过大，超出礁区生态容纳量，会加剧海区内饵料、栖息地的竞争，导致与增殖品种食性相近的物种被取代，甚至出现生态系统功能衰退（Molony 等，2003；Byron 等，2011）。由此，合理评估礁区生态系统增殖目标生物的生态容纳量，对于规范礁区放流、实现科学的资源增殖具有重要意义，进而促进增殖放流和人工鱼礁建设的可持续发展。

开放的人工鱼礁海域是一个小尺度的半人工生态系统，面临着资源生物的增殖放流和采捕，敌害生物的清除，海藻场构建，以及鱼礁区周边养殖活动扰动等各种人类活动的干预。这些活动可能直接或间接地影响甚至改变生态系统的结构和功能，存在发生生态灾害的风险，因此开展基于生态系统的人工鱼礁区资源可持续利用模式的探索对于维护人工鱼礁区的生态系统健康至关重要。

本章在第八章构建俚岛人工鱼礁生态系统 Ecopath 模型的基础之上，首先估算礁区增殖目标生物刺参和皱纹盘鲍的生态容纳量，为人工鱼礁区增养殖结构优化提供参考。然后，进一步发展了时间动态生态系统模型 Ecosim，采用情景模拟分析了礁区捕捞强度变化和周边浮筏养殖活动对人工鱼礁生态系统的影响，为实现基于生态系统的人工鱼礁区管理提供参考依据。

第二节　材料和方法

一、生态容纳量

参考 Jiang 等（2005）的研究，笔者将生态容纳量定义为大量引入目标种后没有明显改变生态系统主要能量流动和食物网结构的目标种最大承载水平。为估算刺参和皱纹盘鲍的生态容纳量，在已构建的反映礁区目前能流状态的 Ecopath 模型基础上，通过逐步提高模型中目标种类的生物量来代表实际生产中目标种类增殖规模的扩大（相应捕捞产量也随之增加），如果大幅度提高某一目标种的生物量，势必会对系统内食性联系紧密的种类产生影响，同时引起系统能量流动的变化，Ecopath 模型必须调整其他参数使系统重新平衡，在反复迭代的过程中确定目标种的生态容纳量。因此，如果提高目标种的生物量直至发现系统中另一功能群的 $EE>1$，意味着此时系统允许的生物量即为该目标种的生态容纳量。

二、Ecosim 模型

为探索捕捞和养殖活动对生态系统的影响，本研究使用 EwE 6.4 软件，以平衡的俚岛人工鱼礁生态系统 Ecopath 模型作为 Ecosim 模拟的起始状态，进一步发展时间动态模型——Ecosim（Walters 等，1997；Christensen 等，2004）。

Ecosim 是建立在一系列微分方程的基础上，具体方程如下所述：

$$\frac{\mathrm{d}B_i}{\mathrm{d}t} = g_i \sum Q_{ji} - \sum Q_{ij} + I_i - (F_i + Mo_i + e_i) \times B_i$$

式中，$\mathrm{d}B_i/\mathrm{d}t$ 代表功能组 i 生物量变化率，g_i 是净生长效率，Q_{ji} 是功能组 i 的总消费率，Q_{ij} 是所有捕食者对功能组 i 的消费率，Mo_i 是其他自然死亡率，F_i 是捕捞死亡率，e_i 是迁出率，I_i 是迁入率，B_i 表示功能组 i 的生物量（Christensen 等，2005）。

在 Ecosim 中，生物量在功能组间的流动是基于觅食场（foraging arena）的概念（Walters 等，1997）。其中每组的生物量被划分成两部分，分别为易被捕食和不易被捕食部分。易捕食指数 v 是两种状态间传递率，与 Q_{ij} 间存在如下方程关系：

$$Q_{ij} = \frac{a_{ij} v_{ij} B_i B_j}{v_{ij} + v'_{ij} + a_{ij} B_j}$$

其中，a_{ij} 表示捕食者 j 对饵料生物 i 的有效搜索效率；B_i 表示饵料生物 i 的生物量；B_j 表示捕食者 j 的生物量；v_{ij}、v'_{ij} 分别表示饵料功能组 i 在非脆弱和脆弱状态的易捕食系数。

v 指数的大小决定了模型是自上而下的控制效应（top - down），还是自下而上的控制效应（bottom - up），或者蜂腰控制（wasp - waist）。本研究中，针对不同模拟情景，v 值的选取通过所有功能组设置不同水平（1～10），观测 Ecosim 模拟后生态系统的响应结果确定 v 取值。

三、模拟情景设计

模拟情景：

1. 设定 20 年的模拟期限，以 Ecopath 模型原始基底状态运行模型 3 年，从第四年降低当前系统总捕捞努力量至 0，模拟生态系统后续 17 年的响应状况。

2. 设定 20 年的模拟期限，以 Ecopath 模型原始基底状态运行模型 3 年，从第四年降低当前系统总捕捞努力量至当前 50％水平，模拟生态系统后续 17 年的响应状况。

3. 在目前总捕捞努力量不变的条件下，模拟前 10 年以每年 10％的速率提高浮游植物生物量，同时以每年 4％的速率降低当前碎屑生物量，观察后 10 年生态系统的响应，以此情景模拟海藻养殖浮筏的移除效应。

假设南黄海的碎屑平均生物量 83.320 t/km^2（Lin 等，2013）为无养殖海带碎屑补充下的海区碎屑基准生物量值，与目前模型碎屑背景生物量（130 t/km^2）相比，约有 40％的碎屑生物量由养殖海带输入贡献。与 Krumhansl（2012）报道的加利福尼亚和华盛顿岩礁区中海带贡献的碎屑百分比（分别为一50％和 50％）相比，本章中得到的粗略估算值略低于上述两区域的值，这可能与采用间接法计算碎屑生物量有关，造成当前系统的碎屑生物量被低估。

基于 Shi 等（2011）在桑沟湾海带栽培海区的观测和模型验证结果，在海带生长季节水体中浮游植物的生物量增长将受到限制，由于浮游植物与养殖海带竞争溶解性无机盐（DIN），导致海带养殖区将会有最小的浮游植物生物量。本章将 DIN 作为模拟驱动因子，假设浮游植物的生长仅依赖于营养盐限制（Roelke 等，1999；Behrenfeld 等，2002），根据 Shi 等（2011）的模拟结果，在大约 7 个月的海带生长期内，浮游植物同化了约 420 t DIN，是其全年总值的 41.5％，该值被用来计算作为 10 年间逐步移除海带浮筏后的相应参考值，由此估算得到浮游植物生物量平均增长 100％。

第三节　结　果

一、刺参和皱纹盘鲍的生态容纳量

刺参和皱纹盘鲍是俚岛增殖型人工鱼礁生态系统的主要增殖种类，大规模刺参的增殖可能导致近岸增殖型人工鱼礁生态系统能量流动发生很大变化。根据本研究对生态容纳量的定义，当逐步提高生态系统内刺参生物量时，刺参会增加对碎屑、底栖硅藻、原生动物、小型贝类的捕食压力。如果刺参摄食对象的 $EE>1$，必须降低刺参生物量使模型重新达到平衡，在反复迭代的过程中，刺参的生物量不断增加，当大于 220.4 t/km^2 之后，模型不再平衡，此时软体动物功能组的 $EE>1$。同时，当刺参生物量从 98.0 t/km^2 增加到 220.4 t/km^2 时，对比生态系统的总体统计学参数（表 9－1）发现，表征系统总体特征的大部分参数基本一致或变化不大，其他功能组的能量流动特征和生物量没有明显改变，由此确定俚岛增殖型人工鱼礁生态系统中刺参的生态容纳量为 220.4 t/km^2。

基于上述生态容纳量的评估原理，在已构建的俚岛人工鱼礁生态系统 Ecopath 模型中，当逐步提高生态系统内皱纹盘鲍生物量时，其饵料被摄食压力的开始增大，如果皱纹盘鲍的摄食对象 $EE>1$，需要降低皱纹盘鲍的生物量来平衡。在反复迭代的过程中，皱纹盘鲍的生物量不断增加，当大于 235 t/km^2 之后，模型不再平衡，此时底栖大型藻类功能组的 $EE>1$。同时，当皱纹盘鲍生物量从 52.5 t/km^2 增加到 235 t/km^2 时，对比生态系统前后的总体统计学参数（表 9－1）可发现，表征系统总体特征的大部分参数基本一致或变化不大，其他功能组的能量流动和生物量没有明显改变，由此确定俚岛增殖型人工鱼礁生态系统中皱纹盘鲍的生态容纳量为 235 t/km^2。

表 9－1　生态系统的总体统计学参数

特征参数	数值	数值 1	数值 2	单位
总消耗量	3 906.36	5 845.12	4 345.89	t/(km^2·a)
总输出量	1 865.24	427.07	1 593.60	t/(km^2·a)
总呼吸量	2 266.73	3 704.89	2 538.36	t/(km^2·a)
流向碎屑总量	3 065.25	1 675.95	3 068.02	t/(km^2·a)
系统总流量	11 103.57	11 653.04	11 545.88	t/(km^2·a)
总生产量	4 990.33	5 103.17	5 070.32	t/(km^2·a)

（续）

特征参数	数值	数值 1	数值 2	单位
净系统生产量	1 865.24	427.07	1 593.60	t/(km^2 · a)
总初级生产力	4 131.97	4 131.97	4 131.97	t/(km^2 · a)
总生物量	620.20	807.19	743.62	t/(km^2 · a)
总初级生产力/总生物量	6.66	5.12	5.56	—
总初级生产力/总呼吸量	1.82	1.12	1.63	—
连接指数	0.32	0.33	0.32	—
系统杂食指数	0.14	0.14	0.14	—
循环指数	0.06	0.06	0.06	—
平均能流路径	2.69	2.82	2.79	—

注：数值代表当前的系统状态，数值 1 表示大量引入鲍后的系统特征，数值 2 表示大量引入刺参后的系统特征。

二、易捕食指数值

基于模拟情景 1，笔者对所有功能组同步设置不同水平的 v 指数值（1～10），测试了其对 Ecosim 模拟结果的影响（图 9 - 1）。易捕食指数值（v）的探索结果表明，v 值的变化对生态系统的反馈有明显影响，当 v 值设为 1 时，模拟结果表现得极其无规则；当 v 值设置为 2 时，模型表现出所有功能组的可持续性和相对稳定性；当 v 值从 3 增加到更高水平时，出现了部分功能组的生物量巨大下降以至于崩溃；当 v 值大于 5 后此现象更加明显，部分功能组生物量随时间变化波动剧烈，生态系统极其不稳定。因此针对模拟情景 1，v 值确定为 2。同理，笔者分别探讨了模拟情景 2 和 3 的 v 值，结果显示较适宜的 v 值分别为 2 和 3。

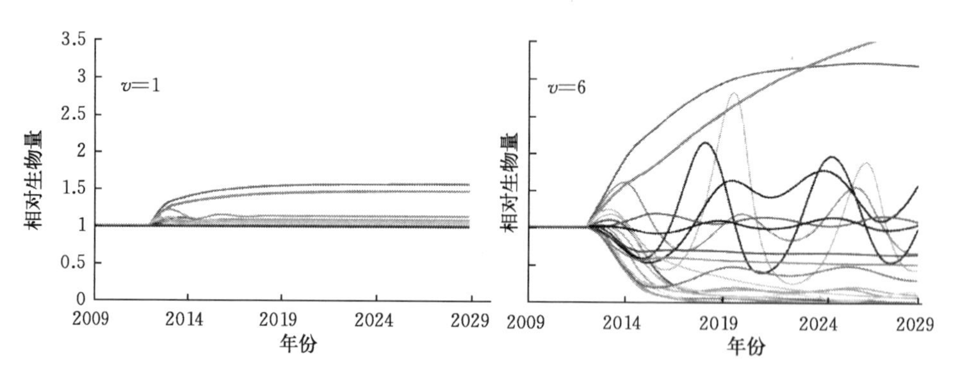

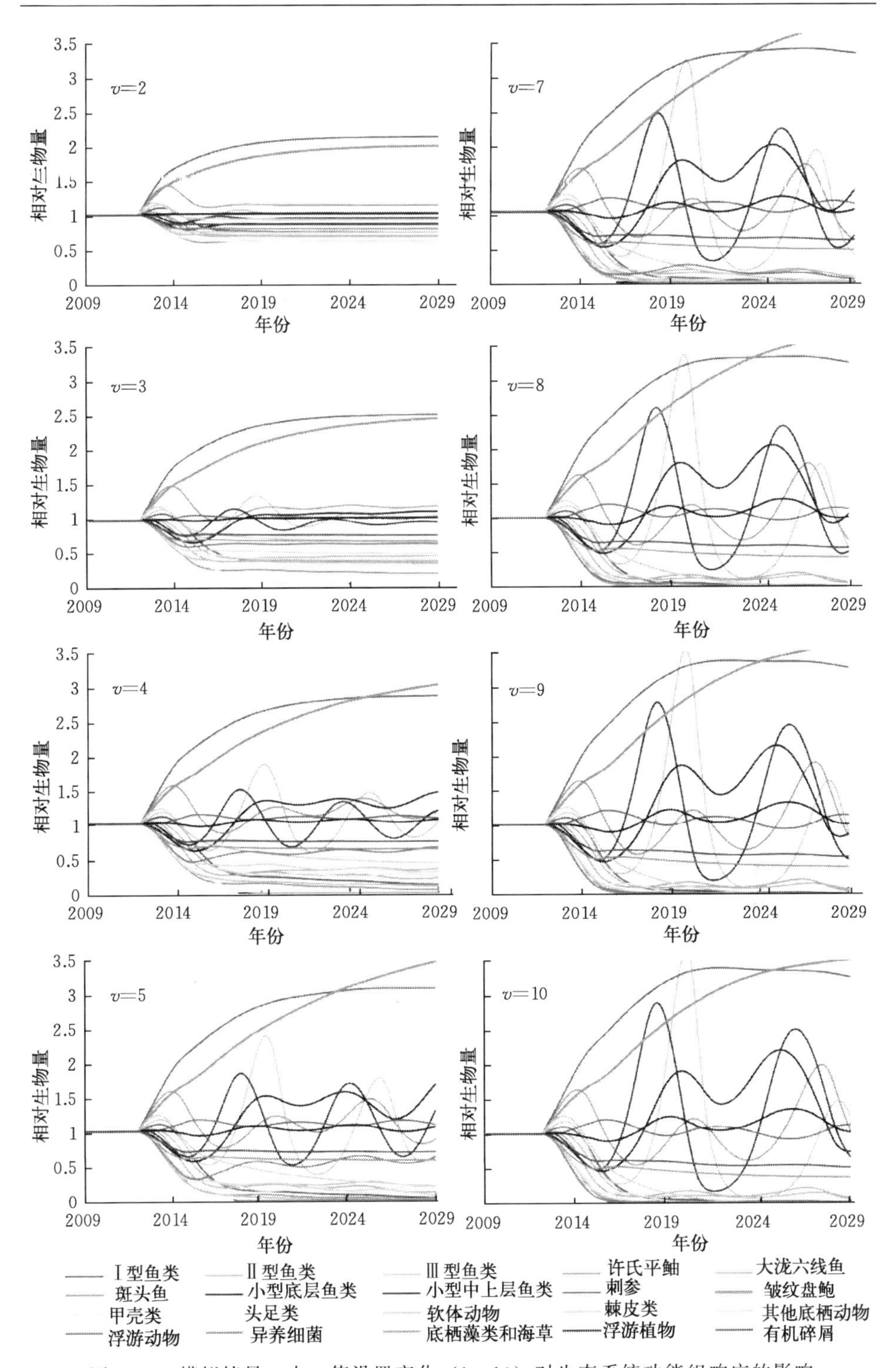

图 9-1　模拟情景 1 中 v 值设置变化（1～10）对生态系统功能组响应的影响

三、情景模拟评价

1. 禁止捕捞活动

情景 1 模拟结果显示，在模拟末期，其主要商业开发种类刺参和皱纹盘鲍的相对生物量分别增长 112%和 99%（图 9-2）。另外，其他捕捞对象许氏平鲉和Ⅲ型鱼类在整个模拟期间预测略有增长（分别为 13.59%和 2.40%）。多数功能组预测的生物量变化会随着时间序列有显著变化，鱼类功能组尤其是许氏平鲉和Ⅲ型鱼类功能组变化幅度比较显著（图 9-2、图 9-3）。相对刺参和皱纹盘鲍的显著增长，一些底层鱼类如Ⅰ型和Ⅱ型鱼类以及大泷六线鱼等在模型预测的末期，相对生物量均有 30%～40%的下降。

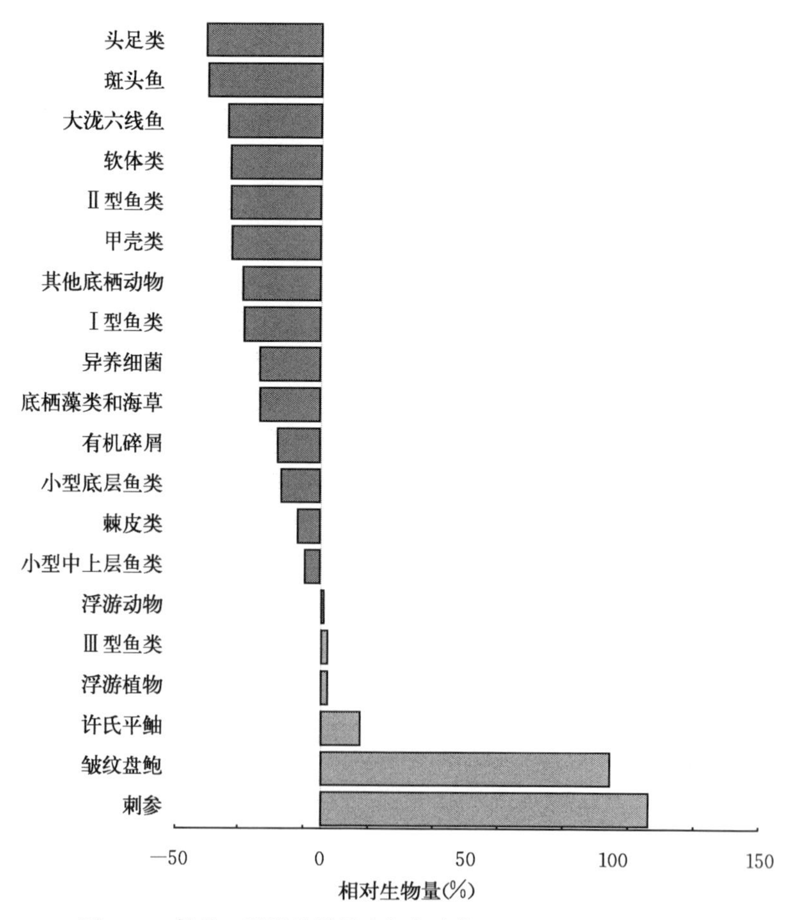

图 9-2　情景 1 预测的模拟末期各功能组的相对生物量的变化

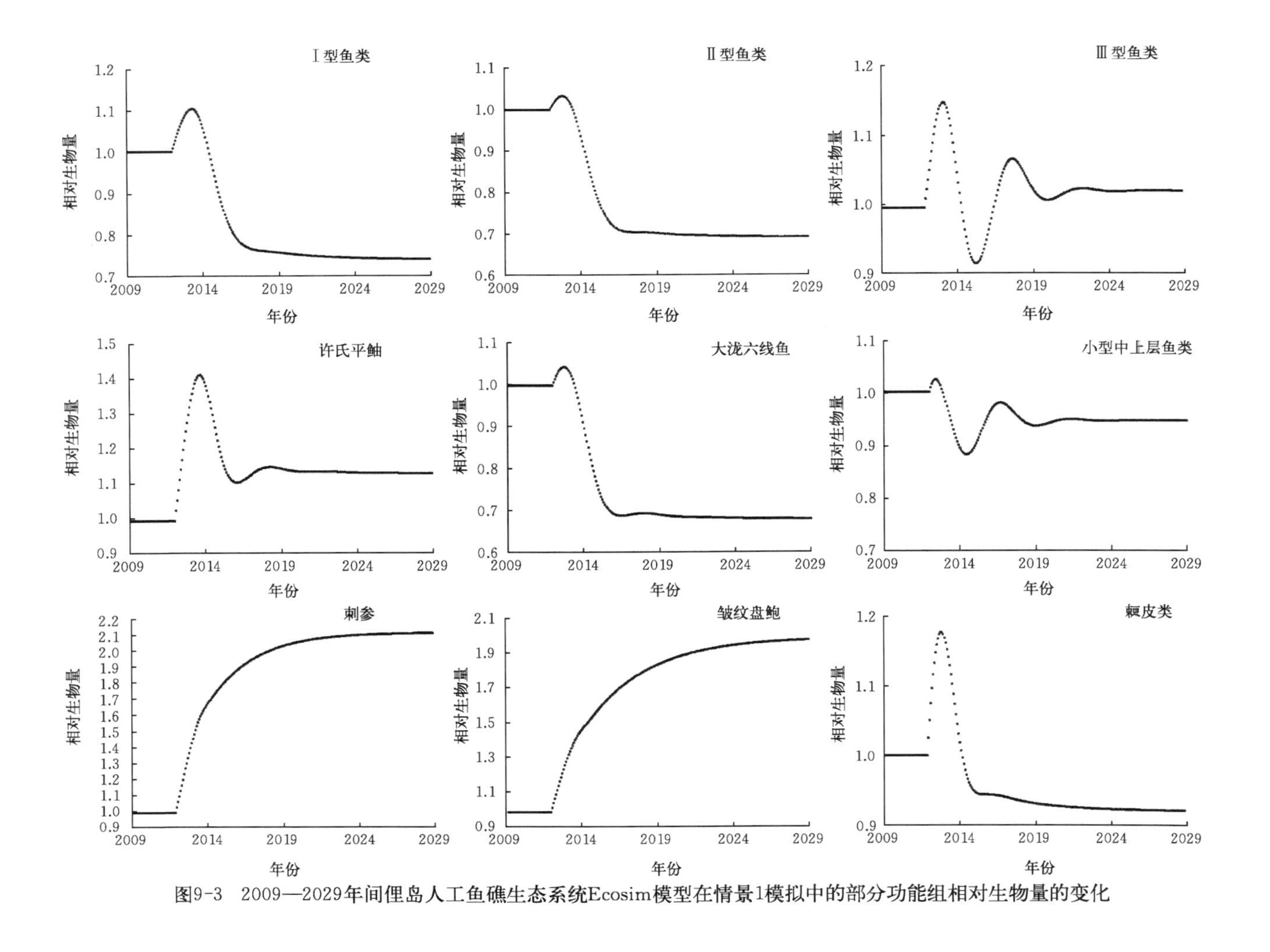

图9-3　2009—2029年间俚岛人工鱼礁生态系统Ecosim模型在情景1模拟中的部分功能组相对生物量的变化

2. 降低捕捞压力

情景 2 预测结果显示，在模拟末期，其主要经济种类刺参和皱纹盘鲍功能组的相对生物量分别增长 38%和 35%（图 9-4），另外主要鱼类捕捞对象许氏平鲉增长 4%。同样，多数功能组预测的生物量变化会随着时间有显著变化，但是鱼类功能组的响应变化幅度已明显变弱（图 9-4 和 9-5）。策略变化引起Ⅰ型和Ⅱ型鱼类以及大泷六线鱼功能组生物量下降，变化幅度与情景 1 模拟结果相近。

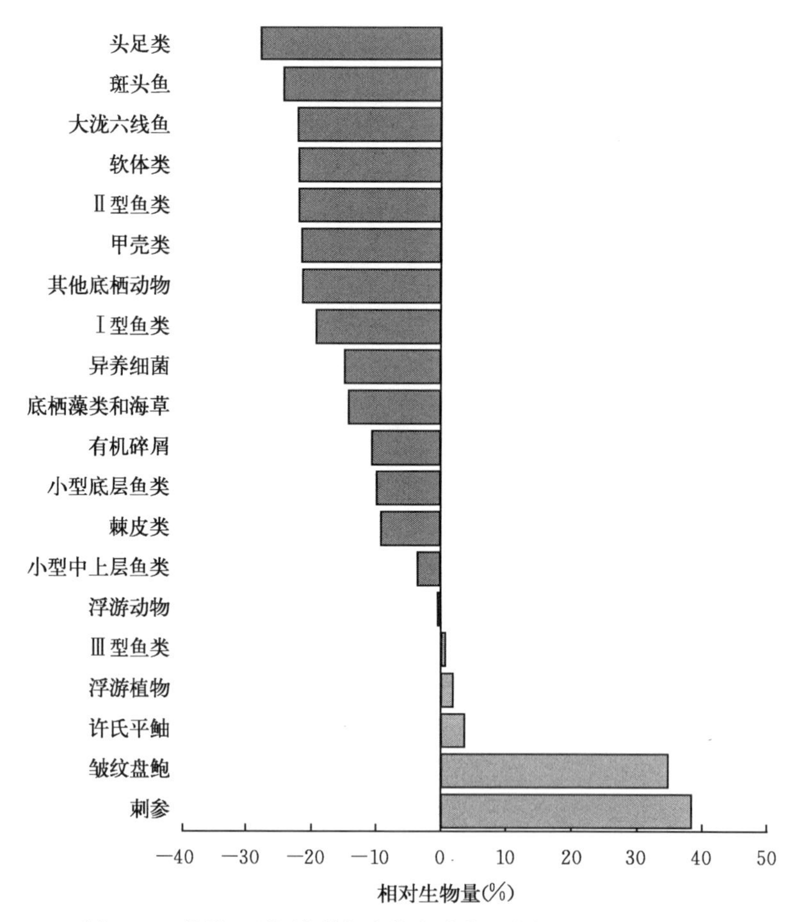

图 9-4 情景 2 预测的模拟末期各功能组的相对生物量的变化

3. 海藻养殖浮筏的移除

情景 3 模拟结果显示，部分与浮游植物和碎屑存在直接和间接营养关系的功能组相对生物量随时间变化明显（图 9-7）。在模拟末期，Ⅲ型鱼类及其

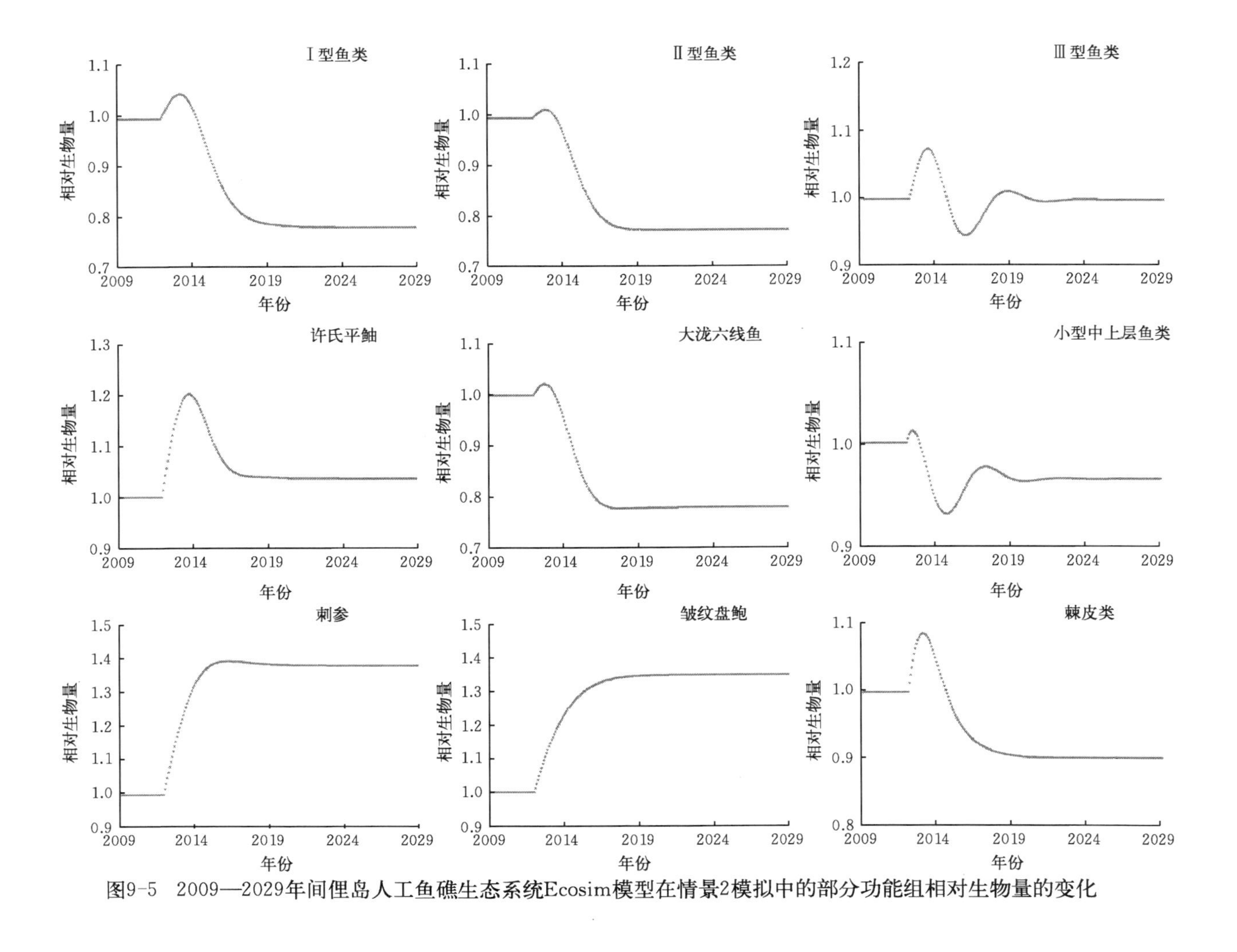

图9-5　2009—2029年间俚岛人工鱼礁生态系统Ecosim模型在情景2模拟中的部分功能组相对生物量的变化

主要饵料生物（小型中上层鱼类功能组）的相对生物量分别增长了近200％和130％（图9-6），而其他以浮游植物或浮游动物为食的功能组相对生物量也有不同程度的增加，但对于碎屑食性功能组，如刺参、异养细菌等，其相对生物量均出现不同程度的下降（图9-6、图9-7）。总体而言，该模拟情景下，中上层食物网功能得到加强，而底栖食物网能量流动受到抑制。

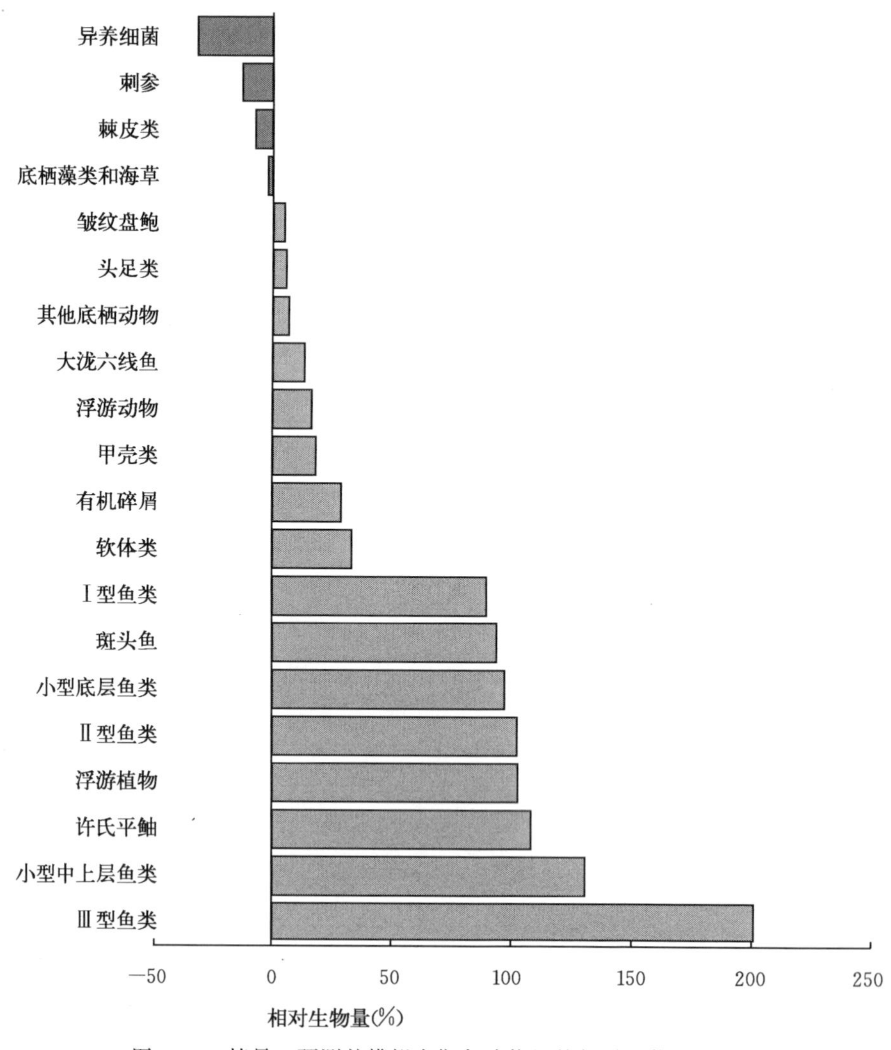

图9-6　情景3预测的模拟末期各功能组的相对生物量的变化

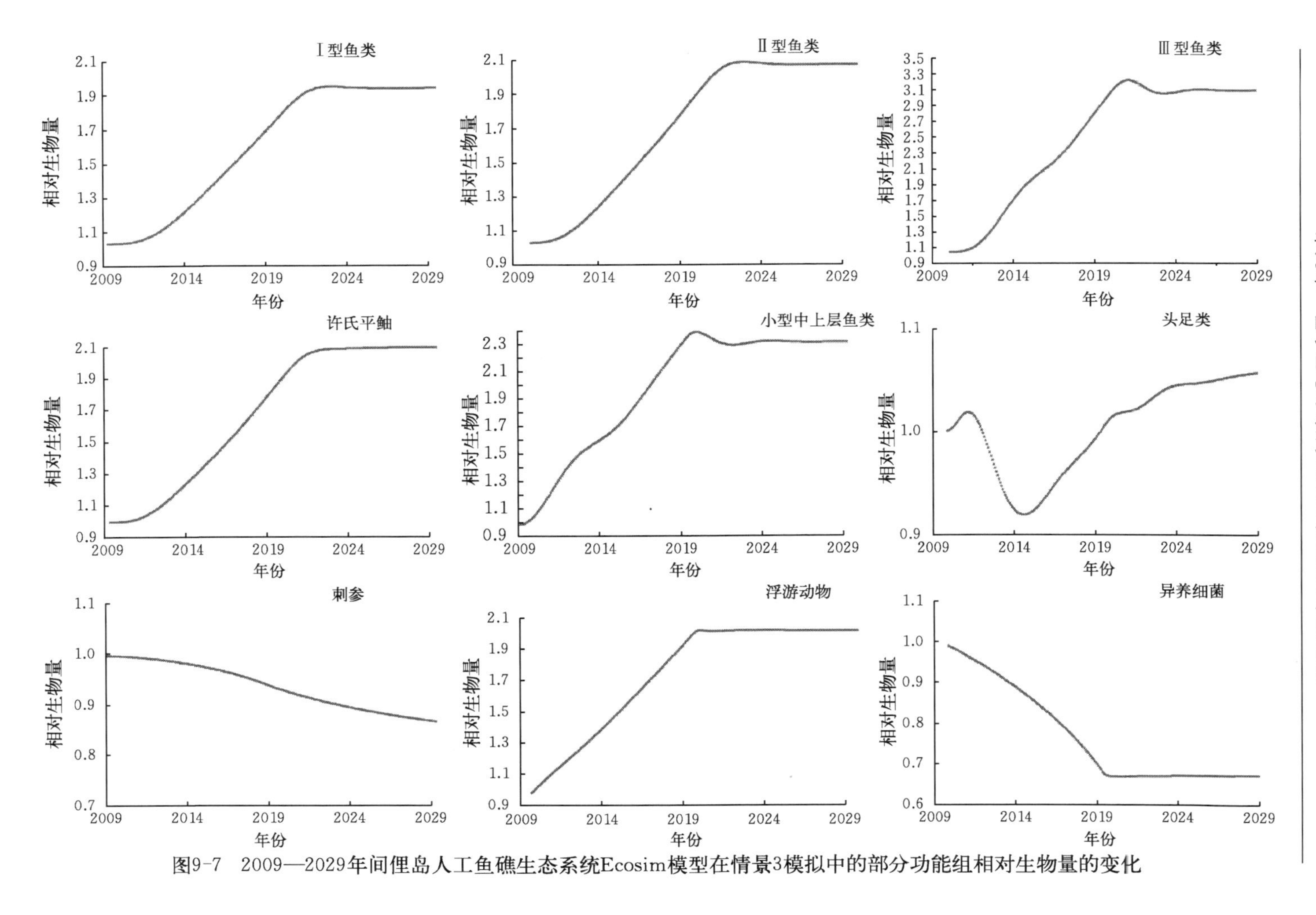

图9-7　2009—2029年间俚岛人工鱼礁生态系统Ecosim模型在情景3模拟中的部分功能组相对生物量的变化

第四节 讨 论

一、生态容纳量

俚岛人工鱼礁区是浅海岩礁生态系统的补充和延伸，浅海岩礁环境系高生产力区，在中、高纬度海域中，由大型海藻和海草所构成的初级生产力常为浮游植物初级生产力的数倍（崔玉珩，1994）。本研究中，39%的系统能量通过碎屑通道转移到高营养水平，直接来源于初级生产者的比例为61%，这反映了初级生产者（大型底栖藻类和海草）在提高系统生产力方面的重要性。俚岛人工鱼礁区是我国北方沿海典型的海珍品增殖型人工鱼礁生态系统，投放的人工鱼礁为大型藻类的附着和生长提供了良好的附着基，礁区大型底栖藻类和海草资源丰富（郭栋等，2010；张磊等，2012），礁区所属公司每年增殖放流刺参、皱纹盘鲍等经济生物进行资源增殖与养护，丰富的藻类资源成为刺参、皱纹盘鲍的重要食物源。

刺参作为典型的沉积食性动物，主要以沉积物中的泥沙、有机物质、某些细菌和原生动物为食（李成林等，2010 年）；而成年皱纹盘鲍以褐藻、红藻等为食，也可吞食小动物如有孔虫、多毛类和桡足类等（周雪莹等，2001）。刺参和皱纹盘鲍分居不同的营养生态位，两者在食性上是营养互利的关系，刺参和皱纹盘鲍增殖可提高生态系统内有机碎屑的利用率和系统的能量循环效率，促进礁区生态系统的良性循环。俚岛人工鱼礁区中以海胆、海燕和海盘车为主的其他棘皮动物生物量较高，达到95.6 t/km²。目前条件下，海胆是礁区主要的初级生产力摄食者，增殖的皱纹盘鲍直接与棘皮动物（马粪海胆）争夺食物和生存空间，大量的海藻为马粪海胆所食。为增加皱纹盘鲍的资源量，从食性角度应考虑合理控制海胆的密度。

根据潜水采样估算，目前人工鱼礁区刺参和皱纹盘鲍的生物量分别为98.000 t/km² 和 52.500 t/km²，分别占模型估算生态容纳量的 31.72% 和26.15%，礁区皱纹盘鲍和刺参仍具一定的增殖空间。为此，在放流苗种的同时，应增加投放增殖礁，为皱纹盘鲍和海参提供更多的栖息场所。本章估算的刺参生态容纳量高于日照前三岛的评估值 109.4 t/km²（邢坤，2009），低于山东省长岛县砣矶岛的 789.6 t/km²（李元山等，1996）。分析认为，造成不同海区生态容纳量差异的原因，首先是评估方法的不同，其次是各研究海域不同的生态条件和基础生产力不同。食物来源是影响生态容纳量的主要指标，尤其对一些有特定食性的种类，很可能食物来源成为影响容纳量的关键因子（Mustafa，2003）。长岛县砣矶岛海藻生物量的年均值高达 1.889 5 kg/m²，远高于本研究的 283 g/m²。系统外源的高能量输入支持了高的生态容纳量估值。脱落的海藻叶片，高生物量的海胆和皱纹盘鲍摄食过程中产生的大量海藻碎屑，以及代谢产物和粪便，上层筏式养殖扇贝所排放的粪便也都为增殖刺参提供了潜在的食物源。本研究礁区附近是海带浮筏养殖区，由于缺乏相关基础数据，模型中未考虑模拟区域外的海带碎屑的输入。分析认为，礁区中以碎屑为主要食物的刺参的实际生态容纳量应该高于模型估测的数据。

俚岛增殖礁区刺参和皱纹盘鲍生态系统容纳量是从能量平衡的角度估算的，Ecopath 模型本身没有考虑生态系统各营养层次生物生长变化，只取固定的参数值，未考虑空间变化，尚缺乏足够的生物学变量，如生活史等（李成林等，2010）。生态容纳量本身是一个动态变化的过程，种群的时空变化和沿岸生态环境变化均对其产生影响，因此进行生态容纳量计算时也需要考虑静态模型无法描述的动态变化。伴随着海珍品增殖放流活动和增殖型人工鱼礁建设规模的扩大，基于 Ecopath 模型评价人工鱼礁生态系统结构，估算礁区生态容纳量，是一种基于生态系统水平的渔业管理策略的探讨，可从生态可持续发展的角度引导海珍品增殖业和增殖型人工鱼礁建设的科学开展。

二、易捕食参数值的评价

众多 Ecosim 研究表明，模型预测的生物量反馈长度和尺度对 v 值的设定非常敏感（Walters 等，1997；Shannon 等，2000；Duarte 等，2004）。本研究结果（图 10－3）也证实，在高 v 值设定情况下系统出现了更剧烈和更长时间的反馈。值得注意的是，当模型运行模拟情景 1（关闭当前所有渔业活动），皱纹盘鲍功能组设定的 v 值为 9 时，由相应的轨道线结果观察可知，预测的皱纹盘鲍相对生物量是 v 值为 2 时模型预测的相对生物量的 1.5 倍，并且功能组需要超过 20 年才能重新恢复到稳态。因此，在使用 Ecosim 进行渔业策略探索的过程中，设定适宜的 v 值对合理解释模拟结果非常必要。通常情况下需要根据功能组长时间序列的绝对密度和相对密度数据，决定一套特定的 v 值组合。但在长时间序列拟合度分析不能进行的情况下，v 值探索结果表明适宜的 v 值设置可以提供生态系统一个合理的动态和稳定性。

三、渔业和养殖活动对系统能流的影响

本章运用时间动态 Ecosim 模型，探讨了渔业和养殖活动对近岸食物网的影响。其中渔业选择性管理情景 1 和情景 2 模拟结果分别显示，主要捕捞对象刺参和皱纹盘鲍的相对生物量在模拟末期显著增长，并且在情景 1 中预测的增长幅度更大，预计它们的生物量将增加约 100％。捕捞死亡率的下降也导致一些底层鱼类如Ⅰ型、Ⅱ型鱼类和大泷六线鱼等在模型预测的末期，相对生物量均有 30％～40％的下降，这可能是因为它们的捕食者或竞争者的数量会增加，

特别是许氏平鲉，它被判定为连接生态系统营养组成部分的关键物种。刺参和皱纹盘鲍相对生物量的增长可解释为捕捞压力释放产生的种群增长现象，但并未导致大型底栖藻类和海草功能组以及碎屑功能组显著的级联效应，表明当前生态系统结构主要为“自下而上”的过程控制。另外，由于礁区绝对优势种许氏平鲉在模拟期间生物量增长对其饵料小型底栖底层鱼类等的压制使后者生物量下降。因饵料生物不足及其组内自身捕食率的上升，使得在模拟末期相关底层鱼类如Ⅰ型、Ⅱ型鱼类和大泷六线鱼等的相对生物量下降 30%～40%。两种渔业管理情景模拟结果表明渔业活动对生态系统结构有明显的影响。

模拟移除所有海带养殖浮筏的情景预测结果显示，模型预测的碎屑食性功能组如刺参、异养细菌等的相对生物量均有不同程度的下降，而传统牧食食物链终端生物的相对生物量却明显增加。上述结果可能表明，海带养殖活动可能抑制了传统牧食食物链，增强了底栖食物网的能量流动，进而使该沿岸水域的能量流动模式发生了显著变化，海带养殖浮筏的存在对沿岸底栖生物的资源增殖起到一定的能量补充作用。在邻近的桑沟湾，存在同样大规模的海带养殖活动，相关调查已观察到海带养殖对浮游植物具有抑制性影响；同时数值模拟也证实，由于海带和浮游植物之间存在营养竞争关系，在海带生长季节内浮游植物的生物量最小（Shi 等，2011）。Newell（2004）报道，在滤食性贝类的养殖过程中，滤食性养殖生物通过滤食水体中的颗粒有机物和沉降大量粪便颗粒，影响着水体的底层和表层营养耦合机制。Shi 等（2011）的研究指出，桑沟湾的浮筏养殖活动使表层海流下降了约 40%，与外海水体交换能力变弱。而只有在持续的海流补充下，附着在礁体表层的滤食性无脊椎动物才能高效捕获外海的初级和次级生产力（Bray 等，1981）。综上，近岸养殖活动导致的营养盐竞争、海流的阻滞、滤食性贝类的生物沉积作用等都可能抑制传统牧食食物链，增强底栖食物网的能量流动。

第十章 结　论

2009 年 8 月至 2010 年 8 月，在山东荣成俚岛人工鱼礁区采集到附着藻类共 3 门 13 种，其中红藻门种类数最多，褐藻门平均生物量最大。夏季褐藻门生物量占绝对优势，附着藻类群落的均匀度较低。冬季水温降低，体型较小的一年生藻类如绿藻门和红藻门中少数藻类完全衰退，藻类种类数和生物量减少，冬季藻类群落均匀度也不高。不同礁体附着基对藻类群落结构有显著影响，3 种礁体中，石块礁与自然礁藻类群落相似性较高，而与混凝土礁体上的藻类群落差异较大，且石块礁附着藻类平均生物量最大，是俚岛人工鱼礁区营建人工藻场较好的礁体材料。水温是影响藻类群落变化的最主要因子，氮、磷营养盐是影响自然礁藻类群落变化的次要因子，而 pH 和溶解氧是影响石块礁和混凝土礁藻类群落变化的次要因子。

2012 年 11 月和 2013 年 7 月采集到优势基础碳源样品 14 种，其中褐藻门 4 种，红藻门 4 种，绿藻门 3 种，海草类 2 种，POM 1 种。两个季节基础碳源 $\delta^{13}C$ 值变化范围为－23.37‰（POM）～－9.61‰（鳗草），$\delta^{15}N$ 值变化范围为 2.43‰（龙须菜）～8.75‰（龙须菜），除红纤维虾形草和 POM 外，大型藻类和海草类的 $\delta^{13}C$ 和 $\delta^{15}N$ 值在两个季节间差异显著。沉积食性的刺参和杂食性的日本蟳 $\delta^{13}C$ 和 $\delta^{15}N$ 值在季节间差异显著，而斑头鱼、大泷六线鱼、许氏平鲉和滤食性贝类差异不显著。相比海草类，POM 和海藻类对近岸海域消费者食源贡献比例更高，在优势海藻衰亡季节（2013 年 7 月），海藻类基础碳源对滤食性贝类、刺参和日本蟳等底栖消费者的食源贡献度更高。底栖藻类对俚岛近岸人工鱼礁海域食物网的能量支撑具有重要作用。

2011 年 2 月至 2012 年 1 月，俚岛人工鱼礁海域共捕获鱼类和大型底栖动物 34 种，优势种为许氏平鲉、大泷六线鱼和斑头鱼，其中近岸水域采集到 23 种，远岸海域 27 种。近岸人工鱼礁区鱼类和大型无脊椎动物与自然岩礁区有相似的群落结构和种类组成。远岸海域，人工鱼礁区和软泥质生境间群落结构无显著差异。鱼类和大型无脊椎动物的季节性洄游驱动了群落结构的变化，水温和水体透明度是影响群落变化的主要因子。

俚岛人工鱼礁海域鱼类群落功能多样性指数具有明显的季节变化，功能丰富度指数季节间差异显著，秋季最高，冬季和春季相对较低。功能均匀度指数季节间差异不显著，夏季和冬季相对较高，功能离散度指数在季节间差异明显，冬季最高，夏季次之，春季和秋季较低。俚岛近岸和远岸海域人工鱼礁生境与自然生境的鱼类群落功能丰富度度指数、功能均匀度指数和功能离散度指数均无显著性差异，近岸人工鱼礁和自然礁生境，底层鱼类优势种食性主要以底栖生物食性、底栖和游泳动物食性为主；运动功能方面主要以定居型和离岸洄游型鱼类为主；对礁行为方面以鱼礁周围活动却不接触鱼礁的Ⅱ型鱼类占优势；体形以侧扁形为主。俚岛近岸人工鱼礁区底层鱼类群落结构和功能已接近于自然礁，人工鱼礁生态系统可能已达到一个发展平衡点，这将有助于与自然礁的功能连通和完整性。

近岸人工鱼礁海域斑头鱼、大泷六线鱼和许氏平鲉三种鲉科鱼类均为底栖动物食性，主要捕食甲壳类、鱼类、多毛类和大型藻类等，斑头鱼主要摄食多毛类、海藻和甲壳类等；大泷六线鱼尽管也摄食部分多毛类和海藻，但食性以甲壳类和鱼类为主；许氏平鲉则主要摄食鱼类和甲壳类，近岸水域三种鲉科鱼类在食物组成上的不同，表明三者之间的营养生态位分化以减少资源竞争。远岸人工鱼礁区大泷六线鱼和许氏平鲉摄食范围相对较窄，主要捕食生活在底泥生境中的虾类和蟹类。稳定同位素分析从较长的时间尺度也揭示了大泷六线鱼和许氏平鲉间碳元素同化的差异。大泷六线鱼、斑头鱼和许氏平鲉三种同域分布的典型岩礁性鱼类的食物资源分化利用，降低了三种鲉科鱼类对潜在食物资源的竞争，有利于在人工鱼礁区的共存和群落稳定。

俚岛人工鱼礁区生态系统平均营养级变化范围为1.0～4.1，生态系统特征主要以底栖生产为主，渔业捕捞种类在食物网中所处的营养级较低，主要是以经济价值极高的刺参和鲍作为捕捞目标种。生态系统具有较低的成熟度、稳定性和抗干扰性，系统正处于发展中。

Ecosim模拟表明，捕捞活动对当前生态系统具有显著影响，可能会改变生态系统的结构和功能。为此，在人工鱼礁区的渔业管理实践中，不仅要对单一种类进行种群结构和可捕数量的评估，而且要从生态系统层次进行综合评价，通过运用生态系统模型对渔业管理策略的提前模拟，对生态系统的响应做出预判，从而更好地实现基于生态系统水平的渔业管理。

基于生态系统模型估算的人工鱼礁区刺参和皱纹盘鲍的生物量分别为220.40 t/km^2 和 235.00 t/km^2，分别占模型估算生态容纳量的44.46 % 和22.34%，礁区皱纹盘鲍和刺参仍具一定的增殖空间。人工鱼礁区周边的海带养殖活动抑制了传统牧食食物链，增强了底栖食物网的能量流动，进而使该沿岸水域的能流模式发生了显著变化，海带养殖浮筏的存在对沿岸底栖生物的资源增殖起到一定的能量补充作用。

参 考 文 献

蔡德陵，毛兴华，韩贻兵，1999. $^{13}C/^{12}C$ 比值在海洋生态系统营养关系研究中的应用——海洋植物的同位素组成及其影响因素的初步探讨 [J]. 海洋与湖沼 (3)：306-314.

陈大刚，张美昭，2015. 中国海洋鱼类 [M]. 青岛：中国海洋大学出版社.

陈仕煊，于雯雯，张虎，等，2021. 吕泗渔场主要渔获物春夏秋三季脂肪酸组成及食性分析 [J]. 渔业科学进展 (4)：19-28.

陈勇，于长清，张国胜，等，2002. 人工鱼礁的环境功能与集鱼效果 [J]. 大连水产学院学报 (1)：64-69.

陈晓娟，薛莹，徐宾铎，等，2010. 胶州湾中部海域秋、冬季大型无脊椎动物群落结构及多样性研究 [J]. 中国海洋大学学报 (自然科学版)，40：78-84.

陈涛，廖勇，王云龙，等，2013. 象山港人工鱼礁海域浮游动物群落生态变化 [J]. 海洋通报，32 (6)：710-716.

陈心，冯全英，邓中日，2006. 人工鱼礁建设现状及发展对策研究 [J]. 海南大学学报 (自然科学版)，24 (1)：83-89.

陈应华，李辉权，陈丕茂，等，2007. 大亚湾大辣甲南人工鱼礁区建设效果初步评估 [J]. 海洋与渔业 (7)：13-15.

陈应华，王华接，杨宇峰，2008. 大亚湾人工鱼礁海域浮游植物的群落特征 [J]. 生态科学 (5)：429-430.

程济生，2004. 黄渤海近岸水域生态环境与生物群落 [M]. 青岛：中国海洋大学出版社.

崔玉珩，孙道元，张宝琳，等，1994. 灵山岛浅海岩礁区底栖生物的群落特点 [J]. 海洋科学集刊，35：273-280.

房立晨，陈丕茂，陈国宝，等，2012. 汕尾遮浪角东人工鱼礁区渔业资源变动分析 [J]. 广东农业科学，39 (18)：158-162.

高东奎，赵静，张秀梅，等，2014. 莱州湾人工鱼礁区及附近海域鱼卵和仔稚鱼的种类组成与数量分布 [J]. 中国水产科学，21 (2)：369-381.

郭栋，张沛东，张秀梅，等，2010. 荣成俚岛近岸海域大叶藻的生态学研究 [J]. 中国海洋大学学报 (自然科学版) (9)：55-59.

郭书新，高东奎，张秀梅，等，2017. 青岛崂山青山湾人工鱼礁区及附近海域鱼卵仔稚鱼种类组成与数量分布 [J]. 应用生态学报，28 (6)：1984-1992.

桂东伟，雷加强，曾凡江，等，2010. 中昆仑山北坡策勒河流域生态因素对植物群落的影响 [J]. 草业学报，19 (3)：38-46.

国家技术监督局，2007. 海洋调查规范 (GB12763) [S]. 北京：中国标准出版社.

黄梓荣，梁小芸，曾嘉，2006. 人工鱼礁材料生物附着效果的初步研究 [J]. 南方水产，2 (1)：34-38.

江志兵，曾江宁，李宏亮，等，2014. 长江口及其邻近陆架区夏季网采浮游植物及其影响

因素 [J]. 海洋学报（中文版），36 (6)：112-123.
金显仕，Johannes Hamre，赵宪勇，等，2001. 黄海鳀鱼限额捕捞的研究 [J]. 中国水产科学，8 (3)：27-30.
雷安平，陈欢，陈菊芳，等，2009. 大亚湾人工鱼礁区浮游植物的种类组成和生物量研究 [J]. 海洋技术，28 (4)：83-88.
李成林，宋爱环，胡炜，等，2010. 山东省刺参养殖产业现状分析与可持续发展对策 [J]. 渔业科学进展，31 (4)：126-133.
李传燕，黄宗国，郑成兴，等，1991. 大亚湾人工鱼礁附着生物的初步研究 [J]. 应用生态学报 (1)：63-69.
李文涛，张秀梅，2003. 我国发展人工鱼礁业亟需解决的几个问题 [J]. 现代渔业信息，18 (9)：3-3.
李勇，洪洁漳，李辉权，2013. 珠江口竹洲人工鱼礁与相邻天然礁附着生物群落结构研究 [J]. 南方水产科学，9 (2)：20-26.
李元山，牟绍教，冯月群，1996. 海珍品综合增养殖中的种间关系和生态容纳量的研究 [J]. 海洋湖沼通报 (1)：24-30.
廖一波，曾江宁，寿鹿，等，2014. 象山港人工鱼礁投放对大型底栖动物群落结构的影响 [J]. 海洋与湖沼，45 (3)：49-57.
梁君，王伟定，林桂装，等，2010. 浙江舟山人工生境水域日本黄姑鱼和黑鲷的增殖放流效果及评估 [J]. 中国水产科学，17：1075-1084.
林光纪，2005. 人工鱼礁物品经济学特性 [J]. 福建水产 (2)：14-18.
林群，金显仕，张波，等，2009. 基于营养通道模型的渤海生态系统结构十年变化比较 [J]. 生态学报，29 (7)：3613-3620.
刘长东，易坚，郭晓峰，等，2016. 荣成俚岛人工鱼礁区浮游植物群落结构及其与环境因子的关系 [J]. 中国海洋大学学报（自然科学版），46 (3)：50-59.
刘春云，姜少玉，宋博，等，2020. 烟台养马岛潮间带大型底栖动物食物网结构特征 [J]. 海洋与湖沼 (3)：467-476.
刘剑华，张耀红，1994. 山东半岛东部海域诸岛潮间带底栖海藻的研究 [J]. 青岛海洋大学学报，24 (3)：384-392.
刘静，陈咏霞，马琳，2015. 黄渤海鱼类图志 [M]. 北京：科学出版社.
刘静，宁平，2011. 黄海鱼类组成、区系特征及历史变迁 [J]. 生物多样性，19：764-769.
刘瑀，张旭峰，李颖，等，2017. 黄渤海刺参稳定同位素组成特征的初步研究 [J]. 海洋环境科学，36 (1)：37-42.
倪正泉，翁江辉，朱联生，等，1988. 福建人工鱼礁区附着生物及试捕情况初报 [J]. 福建水产 (3)：69-72.
宁修仁，刘子琳，1995. 渤、黄、东海初级生产力和潜在渔业生产量的评估 [J]. 海洋学报，17 (3)：72-84.
农业部渔业局，2000. 中国渔业统计年鉴 [M]. 北京：中国农业出版社.
任彬彬，袁伟，孙坚强，等，2015. 莱州湾金城海域鱼礁投放后大型底栖动物群落变化 [J]. 应用生态学报，26 (06)：1863-1870.
邵广昭，1988. 北部海域设置人工鱼礁之规划研究 [J]. 台湾“中央研究院”动物所专刊，

12：1－122.

孙习武，张硕，赵裕青，等，2010. 海州湾人工鱼礁海域鱼类和大型无脊椎动物群落组成及结构特征［J］. 上海海洋大学学报，19（4）：505－513.

唐启升，孙耀，郭学武，等，2002. 黄、渤海8种鱼类的生态转换效率及其影响因素［J］. 水产学报（3）：219－225.

唐启升，叶懋中，1990. 山东近海渔业资源开发与保护［M］. 北京：农业出版社.

唐启升，1996. 关于容纳量及其研究［J］. 海洋水产研究，17（2）：1－6.

仝龄，唐启升，Daniel Pauly，2000. 渤海生态通道模型初探（英文）［J］. 应用生态学报（3）：435－440.

涂忠，张秀梅，张沛东，等，2009. 荣成俚岛人工鱼礁建设项目 Ⅱ. 人工鱼礁养护生物资源效果的评价［J］. 现代渔业信息，24（11）：16－20.

汪振华，章守宇，王凯，等，2010. 三横山人工鱼礁区鱼类和大型无脊椎动物诱集效果初探［J］. 水产学报，34（5）：751－759.

王宏，陈丕茂，章守宇，等，2009. 人工鱼礁对渔业资源增殖的影响［J］. 广东农业科学（8）：18－21.

王洪勇，吴洪流，姚雪梅，等，2010. 海南岛常见的大型底栖海藻［J］. 热带生物学报，1（2）：175－182.

王亮根，李亚芳，杜飞雁，等，2018. 大亚湾人工鱼礁区和岛礁区浮游动物群落特征及对仔稚鱼的影响［J］. 南方水产科学，14（2）：41－50.

王玉珏，邸宝平，李欣，等，2016. 潮间带大型海藻氮稳定同位素的环境指示作用［J］. 海洋环境科学，35（2）：174－179.

王志铮，张义浩，吴常文，等，2002. 中街山列岛底栖海藻的资源调查［J］. 水产学报，26（2）：189－192.

韦晟，姜卫民，1992. 黄海鱼类食物网的研究［J］. 海洋与湖沼，23（2）：182－192.

吴忠鑫，张磊，张秀梅，等，2012. 荣成俚岛人工鱼礁区游泳动物群落特征及其与主要环境因子的关系［J］. 生态学，32：6737－6746.

吴忠鑫，张秀梅，张磊，等，2012. 基于Ecopath模型的荣成俚岛人工鱼礁区生态系统结构和功能评价［J］. 应用生态学报，23（10）：2878－2886.

谢恩义，申玉春，叶宁，等，2009. 流沙湾的底栖大型海藻调查［J］. 广东海洋大学学报，29（4）：30－35.

徐勤增，许强，张立斌，等，2013. 牡蛎壳人工礁对多毛纲底栖动物群落结构的影响［J］. 海洋与湖沼，44（4）：1056－1061.

杨吝，刘同渝，黄汝堪，2005. 中国人工鱼礁理论与实践［M］. 广州：广东科技出版社.

杨震，王悠，董开升，等，2009. 青岛潮间带大型底栖海藻群落的研究［J］. 中国海洋大学学报，39（4）：647－651.

尹增强，2016. 人工鱼礁效果评价理论与方法［M］. 北京：中国农业出版社.

叶青，1992. 青岛近海欧氏六线鱼食性的研究［J］. 海洋湖沼通报（4）：50－55.

殷名称，1995. 鱼类生态学［M］. 北京：中国农业出版社.

印瑞，蒋日进，毕远新，等，2019. 马鞍列岛人工鱼礁区鱼卵与仔稚鱼的群落结构［J］. 水产学报，43（9）：1937－1951.

袁华荣，陈丕茂，李辉权，等，2011. 雷州乌石人工鱼礁渔业资源增殖效果初步评价［J］.

上海海洋大学学报，20 (6)：883 - 889.

詹启鹏，董建宇，孙昕，等，2021. 莱州湾芙蓉岛海域不同材质鱼礁生物附着效果的比较研究 [J]. 中国海洋大学学报，51 (9)：124 - 124.

张磊，2011. 俚岛人工鱼礁生态养护效果及其生态系统综合效应的初步评价 [D]. 青岛：中国海洋大学.

张磊，张秀梅，吴忠鑫，等，2012. 荣成俚岛人工鱼礁区大型底栖藻类群落及其与环境因子的关系 [J]. 中国水产科学，19：116 - 125.

张波，李忠义，金显仕，2014. 许氏平鲉的食物组成及其食物选择性 [J]. 中国水产科学 (1)：134 - 141.

张水浸，1996. 中国沿海海藻的种类与分布 [J]. 生物多样性，4 (3)：139 - 144.

张伟，李纯厚，贾晓平，等，2008. 人工鱼礁附着生物影响因素研究进展 [J]. 南方水产科学，4 (1)：64 - 68.

张伟，李纯厚，贾晓平，等，2009. 环境因子对大亚湾人工鱼礁上附着生物分布的影响 [J]. 生态学报，29 (8)：4053 - 4060.

张义浩，李文顺，2008. 浙江沿海大型底栖海藻分布区域与资源特征研究 [J]. 渔业经济研究 (2)：8 - 14.

张迎秋，许强，徐勤增，等，2016. 海州湾前三岛海域底层鱼类群落结构特征 [J]. 中国水产科学，23：156 - 168.

赵静，章守宇，汪振华，等，2010. 嵊泗人工鱼礁海域鱼类和大型无脊椎动物群落结构特征 [J]. 中国水产科学，17 (5)：1045 - 1056.

赵蒙蒙，徐兆礼，2012. 海州湾南部海域虾类群落特征 [J]. 上海海洋大学学报，21：1038 - 1045.

赵三军，岳海东，肖天，2002. 海洋异养细菌生物量与生产力的研究方法 [J]. 海洋科学，26 (1)：21 - 23.

郑新庆，2011. 筼筜湖食物网营养结构和能流过程的研究 [D]. 厦门：厦门大学.

周雪莹，崔龙波，陆瑶华，2001. 幼龄皱纹盘鲍消化系统的组织学研究 [J]. 烟台大学学报 (自然科学与工程版)，14 (2)：125 - 130.

周一兵，谢祚浑，1995. 虾池中日本刺沙蚕的次级生产力研究 [J]. 水产学报，19 (2)：140 - 150.

庄树宏，陈礼学，孙力，2003. 南长山岛沿岸潮间带底栖藻类群落结构的季节变化格局 [J]. 海洋科学进展，21 (2)：194 - 202.

庄树宏，陈礼学，孙力，2004. 龙须岛浪蚀花岗岩潮间带大型底栖藻类群落的季节变化模式 [J]. 海洋科学，28 (8)：47 - 54.

Akaike H，1973. Information theory and an extension of the maximum likelihood principle [M]. New York：Springer - Verlag：199 - 213.

Alfaro A C，F Thomas，L Sergent，et al，2006. Identification of trophic interactions within an estuarine food web (northern New Zealand) using fatty acid biomarkers and stable isotopes [J]. Estuarine，Coastal and Shelf Science，70：271 - 286.

Allen H L，1971. Primary Productivity，Chemo - organotrophy，and Nutritional Interactions of Epiphytic Algae and Bacteria on Macrophytes in the Littoral of a Lake [J]. Ecological Monographs，41 (2)：97 - 127.

Ambrose R F, Swarbrick S L, 1989. Comparison of Fish Assemblages on Artificial and Natural Reefs off the Coast of Southern California [J]. Bulletin of Marine Science, 44: 718-733.

Anderson M J, Clarke K R, Gorley R N, 2008. PERMANOVA+for PRIMER: Guide to Software and Statistical Methods [M]. UK. PRIMER-F, Plymouth.

Aseltine-Neilson D, Bernstein B, Palmer-Zwahlen M, et al, 1999. Comparisons of turf communities from Pendleton Artificial Reef, Torrey Pines Artificial Reef, and a natural reef using multivariate techniques [J]. Bulletin of Marine Science, 65 (1): 37-57.

Baine M, 2001. Artificial reefs: a review of their design, application, management and performance [J]. Ocean & Coastal Management, 44 (3-4): 241-259.

Balanov, A A, Markevich A I, Antonenko D V, et al, 2001. The first occurrence of hybrids of *Hexagrammos otakii* × *H. octogrammus* and description of *H. otakii* (*Hexagrammidae*) from Peter the Great Bay (the Sea of Japan) [J]. Journal of Ichthyology, 41: 728-738.

Barkai R, Griffiths C L, 1988. An energy budget for the South African abalone Haliotis Midae [J]. Journal of Molluscan Studies, 54 (1): 43-51.

Barros F, Underwood A J, Lindegarth M, 2001. The influence of rocky reefs on structure of benthic macrofauna in nearby soft-sediments [J]. Estuarine, Coastal and Shelf Science, 52 (2): 191-199.

Becker A, Taylor M D, Folpp H, et al, 2017. Managing the development of artificial reef systems: The need for quantitative goals [J]. Fish and Fisheries, 19: 740-752.

Becker A, Taylor M D, Lowry M B, 2017. Monitoring of reef associated and pelagic fish communities on Australia's first purpose built offshore artificial reef [J]. ICES Journal of Marine Science, 74: 277-285.

Bell J D, Bartley D M, Lorenzen K, et al, 2006. Restocking and stock enhancement of coastal fisheries: potential, problems and progress [J]. Fisheries Research, 80 (1): 1-8.

Behrenfeld M J, Marañón E, Siegel D A, et al, 2002. Photoacclimation and nutrient-based model of light-saturated photosynthesis for quantifying oceanic primary production [J]. Marine Ecology Progress Series, 228: 103-117.

Bengtsson M M, Sjøtun K, Storesund J E, et al, 2011. Utilization of kelp-derived carbon sources by kelp surface-associated bacteria [J]. Aquatic Microbial Ecology, 62 (2): 191-199.

Berry P F, Hanekom P, Joubert C, et al, 1979. Preliminary account of the biomass and major energy pathways through a Natal nearshore reef community [J]. South African Journal of Science, 75: 565.

Blanchard J L, Pinnegar J K, Mackinson S, 2000. Exploringmarine mammal-fishery interactions using Ecopath with Eco-sim: Modelling the Barents Sea ecosystem [R]. Lowestoft: Cefas Science Series Technical Report No. 117.

Bohnsack J A, Harper D E, Mcclellan D B, et al, 1994. Effects of Reef Size on Colonization and Assemblage Structure of Fishes at Artificial Reefs Off Southeastern Florida, U. S. A

[J]. Bulletin of Marine Science，55：796 - 823.

Bohnsack J A，Sutherland D L，1985. Artificial Reef Research：A Review with Recommendations for Future Priorities [J]. Bulletin of Marine Science，37：11 - 39.

Bombace G，1989. Artificial reefs in the Mediterranean Sea [J]. Bulletin of marine Science，44 (2)：1023 - 1032.

Bombace G，1996. Protection of biological habitats by artificial reefs [C]. Jensen A C. European artificial Reef Research. Proceedings of the 1st EARRN conference，Ancona，Italy，March 1996. Southampton (UK)：Southampton Oceanography Centre Publ Inc：1 - 15.

Bouillon S，Connolly R M，Lee S Y，2008. Organic matter exchange and cycling in mangrove ecosystems：Recent insights from stable isotope studies [J]. Journal of Sea Research，59 (1 - 2)：44 - 58.

Bray R N，Miller A C，Geessey G G，1981. A trophic link between planktonic and rocky reef communities [J]. Science，214 (4517)：204 - 205.

Brown C J，Fulton E A，Hobday A J，et al，2010. Effects of climate - driven primary production change on marine food webs：Implications for fisheries and conservation [J]. Global Change Biology，164：1194 - 1212.

Brown L A，Furlong J N，Brown K M，et al，2014. Oyster Reef Restoration in the Northern Gulf of Mexico：Effect of Artificial Substrate and Age on Nekton and Benthic Macroinvertebrate Assemblage Use [J]. Restoration Ecology，22：214 - 222.

Byron C，Link J，Pierce B C，et al，2011. Calculating ecological carrying capacity of shell - sh aquaculture using mass - balance modeling：Narragansett Bay，Rhode Island [J]. Ecology Modelling，222：1743 - 1755.

Callow M E，1984. A world - wide survey of fouling on non - toxic and three anti - fouling paint surfaces [J]. 6th International Congress on Marine Corrosion and Fouling. Marine Biology，Athens，11：325 - 346.

Campbell M D，Rose K，Boswell K，et al，2011. Individual - based modeling of an artificial reef fish community：effects of habitat quantity and degree of refuge [J]. Ecological Modelling，222 (23 - 24)：3895 - 3909.

Carrie J. Thomas，Cahoon L B，1993. Stable isotope analyses differentiate between different trophic pathways supporting rocky - reef fishes [J]. Marine Ecology Progress Series，95：19 - 24.

Carr M H，Hixon M A，1997. Artificial Reefs：The Importance of Comparisons with Natural Reefs [J]. Fisheries，22：28 - 33.

Charbonnel E，Serre C，Ruitton S，et al，2002. Effects of increased habitat complexity on fish assemblages associated with large artificial reef units (French Mediterranean coast) [J]. ICES Journal of Marine Science，59，S208 - S213.

Chen D，Duan Y，Ye Z，et al，1994. Preliminary studies on the biology of *Sebastes schlegelii* and its fry rearing technique. Acta Ecologica Sinica (in Chinese)，16：94 - 101

Chen J，2005. Present status and prospects of sea cucumber industry in China. Advances in sea cucumber aquaculture and management [R]. FAO，Rome，Italy，pp：25 - 38.

Choi C G, Takeuchi Y, Teeawaki T, et al, 2002. Ecology of seaweed beds on two types of artificial reef [J]. Journal of Applied Phycology, 14 (5): 343 - 349.

Christensen V, Walters C J, 2004. Ecopath with Ecosim: methods, capabilities and limitations [J]. Ecological Modelling, 172 (2 - 4): 109 - 139.

Christensen V, Walters C J, Pauly D, 2005. Ecopath with Ecosim: A User's Guide [M]. Vancouver: Fisheries Centre, The University of British Columbia.

Clarke, K R, R N Gorley, 2015. PRIMER v7: User Manual/Tutorial. PRIMER - E, Plymouth.

Clark S, Edwards A. J, 1999. An evaluation of artificial reef structures as tools for marine habitat rehabilitation in the Maldives [J]. Aquatic Conservation: Marine and Freshwater Ecosystems, 9 (1): 5 - 21.

Clarke K R, Warwick R M, 2001. Changes in marine communities: an approach to statistical analysis and interpretation [J]. Mount Sinai Journal of Medicine New York, 40: 689 - 92.

Clarke K R, Chapman M G, Somerfield P J, et al, 2006. Dispersion - based weighting of species counts in assemblage analyses [J]. Marine Ecology Progress Series, 320: 11 - 27.

Clarke K R, Tweedley J R, Valesini F J, 2013. Simple shade plots aid better long - term choices of data pre - treatment in multivariate assemblage studies [J]. Journal of the Marine Biological Association of the UK, 94: 1 - 16.

Clarke, K R, J R Tweedley, F J Valesini, 2014b. Simple shade plots aid better long - term choices of data pre - treatment in multivariate assemblage studies [J]. Journal of the Marine Biological Association of the United Kingdom, 94: 1 - 16.

Coll J, Moranta J, Renones O, et al, 1998. Influence of substrate and deployment time on fish assemblages on an artificial reef at Formentera Island (Balearic Islands, western Mediterranean) [J]. Hydrobiologia, 385: 139 - 152.

Colléter M, Valls A, Guitton J, et al, 2015. Global overview of the applications of the Ecopath with Ecosim modeling approach using the EcoBase models repositoryn [J]. Ecological Modelling, 302: 42 - 53.

Costanzo S D, M J O'Donohue, W C Dennison, et al, 2001. A new approach for detecting and mapping sewage impacts [J]. Marine Pollution Bulletin, 42: 149 - 156.

Cresson, P, S Ruitton, M Harmelin - Vivien, 2014a. Artificial reefs do increase secondary biomass production: mechanisms evidenced by stable isotopes [J]. Marine Ecology Progress Series, 509: 15 - 26.

Cresson, P, S Ruitton, M Ourgaud, M Harmelin - Vivien, 2014b. Contrasting perception of fish trophic level from stomach content and stable isotope analyses: a Mediterranean artificial reef experience [J]. Journal of Experimental Marine Biology and Ecology, 452: 54 - 62.

Cresson P, Direach L L, Rouanet E, et al, 2019. Functional traits unravel temporal changes in fish biomass production on artificial reefs [J]. Marine Environmental Research, 145 (3): 137 - 146.

Daigle S T, Fleeger J W, Cowan Jr J H, et al, 2013. What is the relative importance of phytoplankton and attached macroalgae and epiphytes to food webs on offshore oil platforms? [J]. Marine and Coastal Fisheries, 5 (1): 53 - 64.

Davey A. Studies on Australian mangrove algae. III. Victorian communities: Structure and recolonization in western port bay [J]. Journal of Experimental Marine Biology and Ecology, 1985, 85 (2): 177 - 190.

Davis N, Vanblaricom G R, Dayton P K, 1982. Man - made structures on marine sediments: effects on adjacent benthic communities [J]. Marine Biology, 70 (3): 295 - 303.

DeLaca, T E, 1986. Determination of benthic rhizopod biomass using ATP analysis [J]. Journal of Foraminiferal Research, 16 (4): 285 - 292.

Diaz S, Cabido M, 2001. Vive la différence: plant functional diversity matters to ecosystem processes [J]. Trends in Ecology & Evolution, 16 (11): 646 - 655.

Ding J, Chang Y, Wang C, et al, 2007. Evaluation of the growth and heterosis of hybrids among three commercially important sea urchins in China: *Strongylocentrotus nudus*, *S. intermedius* and *Anthocidaris crassispina* [J]. Aquaculture, 272 (1 - 4): 273 - 280.

Dong Z, Liu D, Keesing J K, 2010. Jellyfish blooms in China: Dominant species, causes and consequences [J]. Marine Pollution Bulletin, 60 (7): 954 - 963.

Dowd M, 2005. A bio - physical coastal ecosystem model for assessing environmental effects of marine bivalve aquaculture [J]. Ecology Modelling, 183: 323 - 346.

Dromard C R, Bouchon - Navaro Y, Cordonnier S, et al, 2013. Resource use of two damselfishes, Stegastes planifrons and Stegastes adustus, on Guadeloupean reefs (Lesser Antilles): Inference from stomach content and stable isotope analysis [J]. Journal of Experimental Marine Biology and Ecology, 440: 116 - 125.

Duarte L O, García C B, 2004. Trophic role of small pelagic fishes in a tropical upwelling ecosystem [J]. Ecological Modelling, 172 (2 - 4): 323 - 338.

Duggins D, Simenstad C, Estes J, 1989. Magnification of Secondary Production by Kelp Detritus in Coastal Marine Ecosystems [J]. Science, 245 (4914): 170 - 3.

Fabi G, Fiorentini L, 1994. Comparison between an artificial reef and a control site in the Adriatic Sea: analysis of four years of monitoring [J]. Bulletin of Marine Science, 55: 538 - 558.

Fang L S, 1992. A theoretical approach of estimating the productivity of arificial reef [J]. Acta Zoologica Taiwanica, 3: 5 - 10.

Finn J T, 1980. Flow analysis of models of the Hubbard Brook ecosystem [J]. Ecology, 562 - 571.

Florisson, James H, et al, 2018. Reef vision: A citizen science program for monitoring the fish faunas of artificial reefs [J]. Fisheries Research, 206: 296 - 308.

Folpp H, Lowry M, Gregson M, et al, 2013. Fish assemblages on estuarine artificial reefs: natural rocky - reef mimics or discrete assemblages? [J]. PLoS ONE, 8: e63505.

Folpp H R, Schilling H T, Clark G F, et al, 2020. Artificial reefs increase fish abundance in habitat - limited estuaries [J]. Journal of Applied Ecology, 57 (9): 1752 - 1761.

Franca, S, Vasconcelos R P, Tanner S, et al, 2011. Assessing food web dynamics and relative importance of organic matter sources for fish species in two Portuguese estuaries: a stable isotope approach [J]. Marine Environmental Research, 72: 204 - 215.

Freire K, Christensen V, Pauly D, 2008. Description of the East Brazil Large Marine Ecosystem using a trophic model [J]. Scientia Marina, 72 (3): 469 - 476.

Fujii T, 2015. Temporal variation in environmental conditions and the structure of fish assemblages around an offshore oil platform in the North Sea [J]. Marine Environmental Research, 108: 69 - 82.

Fujita T, Kitagawa D, Okuyama Y, et al, 1996. Comparison of fish assemblages among an artificial reef, a natural reef and a sandy - mud bottom site on the shelf off Iwate, northern Japan [J]. Environmental Biology of Fishes, 46: 351 - 364.

Gabara S S, 2020. Trophic structure and potential carbon and nitrogen flow of a rhodolith bed at Santa Catalina Island inferred from stable isotopes [J]. Marine Biology, 167 (3): 1 - 14.

Gao Q, Wang Y, Dong S, et al, 2011. Absorption of different food sources by sea cucumber *Apostichopus japonicus* (Selenka) (Echinodermata: Holothuroidea): Evidence from carbon stable isotope [J]. Aquaculture, 319: 272 - 276.

Gatts P V, Franco M, Santos L N, et al, 2014. Influence of the artificial reef size configuration on transient ichthyofaunal - Southeastern Brazil [J]. Ocean & Coastal Management, 98: 111 - 119.

Godoy E A S, Almeida T C M, Zalmon I R, 2002. Fish assemblages and environmental variables on an artificial reef north of Rio de Janeiro, Brazil [J]. ICES Journal of Marine Science, 59: S138 - S143.

Granneman, Jennifer E, Steele, et al, 2014. Fish growth, reproduction, and tissue production on artificial reefs relative to natural reefs [J]. ICES Journal of Marine Science/Journal du Conseil, 71 (9): 2494 - 2504.

Granneman J E, Steele M A, 2015. Effects of reef attributes on fish assemblage similarity between artificial and natural reefs [J]. ICES Journal of Marine Science, 72: 2385 - 2397

Greenwell C N, Loneragan N R, Admiraal R, et al, 2019. Octopus as predators of abalone on a sea ranch [J]. Fisheries Management and Ecology, 26: 108 - 118.

Gunnarsson K, Ingolfsson A, 1995. Seasonal changes in the abundance of intertidal algae in southwestern Iceland [J]. Botanica Marina, 38 (1 - 6): 69 - 78.

Hackradt C W, Felix - Hackradt F C, Garcia - Charton J A, 2011. Influence of habitat structure on fish assemblage of an artificial reef in southern Brazil. [J]. Marine Environmental Research, 72: 235 - 247.

Heileman S M, Sanchez F A, Dominguez A L, et al, 1998. Energy flow and network analysis of Terminos Lagoon, S W Gulf of Mexico [J]. Journal of Fish Biology, 53 (Supplement A): 179 - 197.

Helfman, G, 1978. Patterns of community structure in fishes: summary and overview [J]. Environmental Biology of Fishes, 3: 129 - 148.

Hoshika, A, M J Sarker, S Ishida, et al, 2006. Food web analysis of an eelgrass (*Zostera marina* L.) meadow and neighbouring sites in Mitsukuchi Bay (Seto Inland Sea, Japan) using carbon and nitrogen stable isotope ratios [J]. Aquatic Botany, 85: 191 - 197.

Hugh G, Gauch J R, 1982. Multivariate analysis in community ecology [M]. Cambridge, Cambridge University Press.

Hunter W R，Sayer M，2009. The comparative effects of habitat complexity on faunal assemblages of northern temperate artificial and natural reefs [J]. ICES Journal of Marine Science，66：691-698.

Jacob，U，K Mintenbeck，T Brey，et al，2005. Stable isotope food web studies：a case for standardized sample treatment [J]. Marine Ecology Progress Series，287：251-253.

Jeong H，Lee J，Cha M，2013. Energy efficient growth control of microalgae using photobiological methods [J]. Renewable Energy，54 (6)：161-165.

Jiang Y，Lin N，Yuan X，et al，2016. Effects of an artificial reef system on demersal nekton assemblages in Xiangshan Bay，China [J]. Chinese Journal of Oceanology and Limnology，34：59-68.

Ji D.，X Bian，N Song，et al，2015. Feeding ecology of *Hexagrammos agrammus* in Lidao Rongcheng，China [J]. Journal of Fishery Sciences of China，22：88-98.

Jiang H.，Cheng H Q，Xu H G，et al，2008. Trophic controls of jellyfish blooms and links with fisheries in the East China Sea [J]. Ecology Modelling，212：492-503.

Jiang R，S Zhang，K Wang，et al，2014. Stable isotope analysis of the offshore food web of Gouqi Island [J]. Chinese Journal of Ecology，33：930-938.

Jiang W，Gibbs M T，2005. Predicting the carrying capacity of bivalve shellfish culture using a steady，linear food web model [J]. Aquaculture，244：171-185.

Jin X，Tang Q，1996. Changes in fish species diversity and dominant species composition in the Yellow Sea [J]. Fisheries Research，26 (3-4)：337-352.

Jin X，2004. Long-term changes in fish community structure in the Bohai Sea，China [J]. Estuarine，Coastal and Shelf Science，59 (1)：163-171.

Kanamoto，Z.，1979. On the ecology of Hexagrammid fish V：Food items of *Agrammus agrammus* (Temminck et Schlegel) and *Hexagrammos otakii* Jordan et Starks sampled from different habitats around a small reef [J]. Japanese Journal of Ecology 29：265-271.

Kang K H，Kwon J Y，Kim Y M，2003. A beneficial coculture：charm abalone Haliotis discus hannai and sea cucumber Stichopus japonicas [J]. Aquaculture，216：87-93.

Kang，C K，E J Choy，Y Son，et al，2008. Foodweb structure of a restored macroalgal bed in the eastern Korean peninsula determined by C and N stable isotope analyses [J]. Marine Biology，153：1181-1198.

Kendall C，Silva S R，Kelly V J，2001. Carbon and nitrogen isotopic compositions of particulate organic matter in four large river systems across the United States [J]. Hydrological processes，15 (7)：1301-1346.

Kilfoyle A K，Freeman J，Jordan L，et al，2013. Fish assemblages on a mitigation boulder reef and neighboring hardbottom [J]. Ocean & Coastal Management，75：53-62.

Kiyashko，S I，T A Velivetskaya，A V Ignatiev，2011. Sulfur，carbon，and nitrogen stable isotope ratios in soft tissues and trophic relationships of fish from the near-shore waters of the peter the great bay in the Sea of Japan [J]. Russian Journal of Marine Biology，37：297-302.

Kolpakov，N，E Barabanshchikov，Y D Valuev，2005. First Findings of the Fat Greenling *Hexagrammos otakii* (Hexagrammidae) in Waters off Northern Primorye [J]. Journal of

Ichthyology 45: 682 - 684.

Kress N, Tom M, Spanier E, 2002. The use of coal fly ash in concrete for marine artificial reefs in the southeastern Mediterranean: compressive strength, sessile biota, and chemical comosition [J]. Journal of Marine Science, 59 (5): 231 - 237.

Krumhansl K A, Scheibling R E, 2012. Production and fate of kelp detritus [J]. Marine Ecology Progress Series, 467: 281 - 302.

Kwak S, G Baeck, D Klumpp, 2005. Comparative feeding ecology of two sympatric greenling species, *Hexagrammos otakii* and *Hexagrammos agrammus* in eelgrass *Zostera marina* beds [J]. Environmental Biology of Fishes, 74: 129 - 140.

Lebreton B, Richard P, Galois R, et al, 2012. Food sources used by sediment meiofauna in an intertidal *Zostera noltii* seagrass bed: a seasonal stable isotope study [J]. Marine Biology, 159: 1537 - 1550.

Lee S G, Rahman M A, 2018. Ecological stock enhancement programs (ESEPs) based fisheries rebuilding plan (FRP) in Korea [J]. Journal of Environmental Biology, 39: 936 - 942.

Lei J, 2005. Marine fish culture theory and techniques [M]. Beijing, China Agriculture Press.

Leitão F, Santos M N, Erzini K, et al, 2008. Fish assemblages and rapid colonization after enlargement of an artificial reef off the Algarve coast (Southern Portugal) [J]. Marine Ecology, 29: 435 - 448.

Lek E, Fairclough D V, Platell M E, et al, 2011. To what extent are the dietary compositions of three abundant, co - occurring labrid species different and related to latitude, habitat, body size and season? [J]. Journal of Fish Biology, 78: 1913 - 1943.

Lepoint, G, P Dauby, S Gobert, 2004. Applications of C and N stable isotopes to ecological and environmental studies in seagrass ecosystems [J]. Marine Pollution Bulletin, 49: 887 - 891.

Letourneur, Y, T Lison de Loma, P Richard, et al, 2013. Identifying carbon sources and trophic position of coral reef fishes using diet and stable isotope ($\delta^{15}N$ and $\delta^{13}C$) analyses in two contrasted bays in Moorea, French Polynesia [J]. Coral Reefs, 32: 1091 - 1102.

Libralato S, Christensen V, Pauly D, 2006. A method for identifying keystone species in food web models [J]. Ecological Modelling, 195 (3 - 4): 153 - 171.

Lin, D T, P Fong, 2008. Macroalgal bioindicators (growth, tissue N, $\delta^{15}N$) detect nutrient enrichment from shrimp farm effluent entering Opunohu Bay, Moorea, French Polynesia [J]. Marine Pollution Bulletin, 56: 245 - 249.

Lin T, Ye S, Ma C, et al, 2013. Sources and preservation of organic matter in soils of the wetlands in the Liaohe (Liao River) Delta, North China [J]. Marine pollution bulletin, 71 (1 - 2): 276 - 285.

Lindeman R L, 1942. The trophic - dynamic aspect of ecology [J]. Ecology, 23: 399 - 417

Lin Q, Jin X. , Zhang B, 2013. Trophic interactions, ecosystem structure and function in the southern Yellow Sea [J]. Chinese Journal of Oceanology and Limnology, 31: 46 - 58.

Linke, T, MPlatell, I Potter, 2001. Factors influencing the partitioning of food resources among six fish species in a large embayment with juxtaposing bare sand and seagrass habitats [J]. Journal of Experimental Marine Biology and Ecology, 266: 193 - 217.

Liu J Y, 2013. Status of Marine Biodiversity of the China Seas [J]. Plos One, 8 (1): e50719.

Liu R, 2011. Progress of marine biodiversity studies in China seas [J]. Biodiversity Science, 19 (6): 614 - 626.

Liu X, Zhou Y, Yang H, et al, 2013. Eelgrass detritus as a food source for the sea cucumber *Apostichopus japonicus* Selenka (Echinidermata: Holothuroidea) in coastal waters of north China: An experimental study in Flow - through systems [J]. Plos One, 8 (3): e58293.

Loneragan N R, Ye Y, Kenyon R A, et al, 2006. New directions for research in prawn (shrimp) stock enhancement and the use of models in providing directions for research [J]. Fisheries Research, 80 (1): 91 - 100.

Loneraga N R, Kenyon R A, Haywood M D E, et al, 2013. Impact of cyclones and macrophytes on the recruitment and landings of tiger prawns, Penaeus esculentus, in Exmouth Gulf Western Australia [J]. Estuarine Coastal and Shelf Science (1763): 46 - 58.

Love M S, York A, 2005. A comparison of the fish assemblages associated with an oil/gas pipeline and adjacent seafloor in the Santa Barbara Channel, Southern California Bight [J]. Bulletin of Marine Science, 77: 101 - 118.

Lowry M B, Glasby T M, Boys C A, et al, 2014. Response of fish communities to the deployment of estuarine artificial reefs for fisheries enhancement [J]. Fisheries Management and Ecology, 21: 42 - 56.

Lozano - Montes H M, Loneragan N R, Babcock R C, et al, 2011. Using trophic flows and ecosystem structure to model the effects of fishing in the Jurien Bay Marine Park, temperate Western Australia [J]. Marine and Freshwater Research, 62 (5): 421 - 431.

Lozano - Montes, H, Loneragan, et al, 2013. Evaluating the ecosystem effects of variation in recruitment and fishing effort in the western rock lobster fishery [J]. Fisheries Research, 145: 128 - 135.

Lv H, Zhang X, Zhang P, et al, 2011. The implement of plastic oval tags for mark - recapture in juvenile japanese flounder (Paralichthys Olivaceus) on the northeast coast of shandong province, China [J]. African Journal of Biotechnology, 10: 13263 - 13277.

Mablouké C, Kolasinski J, Potier M, et al, 2013. Feeding habits and food partitioning between three commercial fish associated with artificial reefs in a tropical coastal environment [J]. African Journal of Marine Science, 35 (3): 323 - 334.

Mac Neil M A, K G Drouillard, A T Fisk, 2006. Variable uptake and eliminationof stable nitrogen isotopes between tissues in fish [J]. Canadian Journal of Fisheries and Aquatic Sciences, 63: 345 - 353.

Manickchand - Heileman S, Arreguín - Sánchez F, Lara - Domínguez A, et al, 1998. Energy flow and network analysis of Terminos Lagoon, SW Gulf of Mexico [J]. Journal of Fish Biology, 53 (sA): 179 - 197.

Mason N, Mouillot D, Lee W G, et al, 2005. Functional richness, functional evenness and functional divergence: the primary components of functional diversity [J]. Oikos, 111 (1): 112 - 118.

McArdle B H, Anderson, M J, 2001. Fitting multivariate models to community data: a comment on distance - based redundancy analysis [J]. Ecology, 82: 290 - 297.

Menon N R, Nair N B, 1971. Ecology of fouling bryozoans in Cochin waters [J]. Marine Biology, 8 (4): 280 - 307.

Metcalf S J, Dambacher, J M, Hobday A J, et al., 2008. Importance of trophic information, simplification and aggregation error in ecosystem models [J]. Marine Ecology Progress Series, 360: 25 - 36.

Michener, R, K Lajtha, 2008. Stable isotopes in ecology and environmental Science [M]. Oxford: Blackwell Publishing.

Minagawa M, E Wada, 1984. Stepwise enrichment of ^{15}N along food chains: further evidence and the relation between δ^{15}N and animal age [J]. Geochimica et Cosmochimica Acta, 48: 1135 - 1140.

Molony B W, Lenanton R, Jackson G et al, 2003. Stock enhancement as a fisheries management tool [J]. Review in Fish Biology & Fisheries, 13: 409 - 432.

Morales - Zárate M V, Lluch - Cota S E, Serviere - Zaragoza E, et al, 2011. Modeling an exploited rocky coastal ecosystem: Bahia Tortugas, Mexico [J]. Ecology Modelling, 222: 1185 - 1191.

Morissette L, Hammill M O, Savenkoff C, 2006. The trophic role of marine mammals in the northern Gulf of St. Lawrence [J]. Marine Mammal ence, 22 (1): 74 - 103.

Morissette L, 2007. Complexity, cost and quality of ecosystem models and their impact on resilience [J]. Vancouver, The University of British Columbia.

Mouillot D, Dumay O, Tomasini J A, 2007. Limiting similarity, niche filtering and functional diversity in coastal lagoon fish communities [J]. Estuarine Coastal & Shelf Science, 71 (3/4): 443 - 456.

Mouillot D, Graham N, S Villéger, et al, 2013. A functional approach reveals community responses to disturbances [J]. Trends in Ecology & Evolution, 28 (3): 167 - 177.

Moura A, Boaventura D, Curdia J, et al, 2007. Effect of depth and reef structure on early macrobenthic communities of the Algarve artificial reefs (southern Portugal) [M]. Dordrecht, Springer.

Mustafa S, 2003. Stock enhancement and sea ranching: objectives and potential [J]. Review in Fish Biology & Fisheries, 13: 141 - 149.

Nadon M O, Himmelman J H, 2006. Stable isotopes in subtidal food webs: Have enriched carbon ratios in benthic consumers been misinterpreted? [J]. Limnology and Oceanography, 51 (6): 2828 - 2836.

Nakamura M, 1985. Evolution of Artificial Fishing Reef Concepts in Japan [J]. Bulletin of Marine Science, 37 (1): 271 - 278.

Newsome S D, C M del Rio, S Bearhop, et al, 2007. A niche for isotopic ecology [J]. Frontiers in Ecology and the Environment, 5: 429 - 436.

Ngan Y, Price I R, 1980. Distribution of intertidal benthic algae in the vicinty of Townsville, tropical Australia [J]. Australian Journal of Marine and Freshwater Research, 31 (2): 175 - 191.

Noh J, Ryu J, Lee D, et al, 2017. Distribution characteristics of the fish assemblages to varying environmental conditions in artificial reefs of the Jeju Island, Korea [J]. Marine Pollution Bulletin, 118: 388 - 396.

Odum E P, 1971. Fundamentals of ecology [M]. Philadelphia: PA, Saunders.

Okey T A, Banks S, Born A F, et al, 2004. A trophic model of a Galápagos subtidal rocky reef for evaluating fisheries and conservation strategies [J]. Ecological Modelling, 172 (2 - 4): 383 - 401.

Ortiz M, Wolff M, 2002. Trophic models of four benthic communities in Tongoy Bay (Chile): comparative analysis and preliminary assessment of management strategies [J]. Journal of Experimental Marine Biology & Ecology, 268 (2): 205 - 235.

Owen L, Petchey, 2003. Integrating methods that investigate how complementarity influences ecosystem functioning [J]. Oikos, 101 (2): 323 - 330.

Oyamada K, Tsukidate M, Watanabe K, 2008. A field test of porous carbonated blocks used as artificial reef in seaweed bes of *Ecklonia cava* [J]. Journal of Applied Phycology, 20 (5): 863 - 868.

Parnell, A C, R Inger, S Bearhop & A L Jackson, 2010. Source partitioning using stable isotopes: coping with too much variation [J]. Plos One, 5: e9672.

Paxton A B, Revels L W, Rosemond R C, et al, 2018. Convergence of fish community structure between a newly deployed and an established artificial reef along a five - month trajectory [J]. Ecological Engineering, 123: 185 - 192.

Pauly D, 1980. On the interrelationships between natural mortality, growth parameters, and mean environmental temperature in 175 fish stocks [J]. Ices Journal of Marine Science, 39: 175 - 192.

Pauly Daniel, Christensen V, 1995. Primary production required to sustain global fisheries [J]. Nature, 374: 255 - 257.

Pauly D, Christensen V, Dalsgaard J, et al, 1998. Fishing down marine food webs [J]. Science, 279: 860 - 863.

Pauly Daniel, Christensen Villy, Rainer Froese, et al, 2000. Fishing Down Aquatic Food Webs [J]. American Scientist, 88 (1): 51 - 62.

Pauly D, Christensen V, Guenette S, et al, 2002. Towards sustainability in world fisheries [J]. Nature, 418: 689 - 695.

Perkol - Finkel S, Shashar N, Benayahu Y, 2006. Can artificial reefs mimic natural reef communities? The roles of structural features and age [J]. Marine Environmental Research, 61: 121 - 135.

Pianka, E R, 1973. The structure of lizard communities [J]. Annual review of ecology and systematics, 4: 53 - 74.

Pikitch E K, Santora C, Babcock E A, et al, 2004. Ecosystem - based fishery management [J]. Science (Washington), 305 (5682): 346 - 347.

Pinkerton M H, Lundquist C J, Duffy C A J, et al, 2008. Trophic modelling of a New Zealand rocky reef ecosystem using simultaneous adjustment of diet, biomass and energetic parameters [J]. Journal of Experimental Marine Biology and Ecology, 367 (2): 189 - 203.

Pinnegar J K, 2000. Planktivorous fishes: links between the Mediterranean littoral and pelagic [D]. UK: PhD Thesis, University of Newcastle.

Pinnegar J K, Polunin N V C, 2004. Predicting indirect effects of fishing in Mediterranean rocky littoral communities using a dynamic simulation model [J]. Ecological Modelling, 172 (2 - 4): 249 - 267.

Pitcher T J, Buchary E A, Trevor H, 2002. Forecasting the benefits of no - take human - made reefs using spatial ecosystem simulation [J]. Ices Journal of Marine Science, 59: 17 - 26.

Pitcher T J, Jr W S, 2010. Petrarch's Principle: how protected human - made reefs can help the reconstruction of fisheries and marine ecosystems [J]. Fish & Fisheries, 1: 73 - 81.

Plenty, Shaun, J, et al, 2018. Long - term annual and monthly changes in mysids and caridean decapods in a macrotidal estuarine environment in relation to climate change and pollution [J]. Journal of Sea Research, 137: 35 - 46.

Pondella D J, Stephens J S, Craig M T, 2002. Fish production of a temperate artificial reef based on the density of embiotocids (Teleostei: Perciformes) [J]. ICES Journal of Marine Science, 59: S88 - S93.

Polovina J J, Sakai I, 1989. Impact of artificial reef on fishery production in Shimamaki [J]. Bulletin of Marine Science, 44 (2): 997 - 1003.

Power M E, David Tilman, Estes J A, et al, 1996. Challenges in the quest for keystones: Identifying keystone species is difficult but essential to understanding how loss of species will affect ecosystems [J]. BioScience, 46 (8): 609 - 620.

Quan W, L Shi, Y Chen, 2010. Stable isotopes in aquatic food web of an artificial lagoon in the Hangzhou Bay, China [J]. Chinese Journal of Oceanology and Limnology, 28: 489 - 497.

Rilov G, Benayahu Y, 2000. Fish assemblage on natural versus vertical artificial reefs: the rehabilitation perspective [J]. Marine Biology, 136: 931 - 942.

Rilov G, Benayahu Y, 2002. Rehabilitation of coral reef - fish communities: the importance of artificial - reef relief to recruitment rates [J]. Bulletin of Marine Science, 70: 185 - 197.

Ríos M F, Venerus L A, Karachle P K, et al, 2019. Linking size - based trophodynamics and morphological traits in marine fishes [J]. Fish and Fisheries, 20 (2): 355 - 367.

Rooker J R, Dokken Q R, Pattengill C V, et al, 1997. Fish assemblages on artificial and natural reefs in the Flower Garden Banks National Marine Sanctuary, USA [J]. Coral Reefs, 16 (2): 83 - 92.

Ross S T, 1986. Resource partitioning in fish assemblages: a review of field studies [J]. Copeia, 352 - 388.

Rutledge R W, Basore B L, Mulholland R J, 1976. Ecological stability: An information theory viewpoint [J]. Journal of Theoretical Biology, 57 (2): 355 - 371.

Ryther J H, 1969. Photosynthesis and Fish Production in the Sea [J]. Science, 166: 72 - 76.

Scarcella G, Grati F, Bolognini L, et al, 2016. Time - series analyses of fish abundance from an artificial reef and a reference area in the central - Adriatic Sea [J]. Journal of Applied Ichthyology, 31: 74 - 85.

Schoener, T W, 1974. Resource partitioning in ecological communities [J]. Science, 185: 27 - 39.

Schoener, T W, 1983. Field experiments on interspecific competition [J]. American Naturalist, 122: 240 - 285.

Sébastien Villéger, Mason N, D Mouillot, 2008. New multidimensional functional diversity indices for a multifaceted framework in functional ecology [J]. Ecology, 89 (8) .

Seaman W, 1997. What if everyone thought about reefs [J]. Fisheries, 22: 4 - 5.

Seo I S, J S Hong, 2007. Comparative Feeding Ecology of Sympatric Greenling *Hexagrammos otakii* and Schlegel's Black Rockfish *Sebastes schlegeli* in the Jnngbong Tidal Flat, Incheon, Korea [J]. Korean Journal of Fisheries and Aquatic Sciences, 40: 84 - 94.

Shannon L J, Cury P M, Jarre A, 2000. Modelling effects of fishing in the Southern Benguela ecosystem [J]. ICES Journal of Marine Science, 57 (3): 720 - 722.

Sherman B, Gilliam D S, Spieler R E, 2010. A preliminary examination of depth associated spatial variation in fish assemblages on small artificial reefs [J]. Journal of Applied Ichthyology, 15: 116 - 121.

Shi J, Wei H, Zhao L, et al, 2011A physical - biological coupled aquaculture model for a suspended aquaculture area of China [J]. Aquaculture, 318 (3 - 4): 412 - 424.

Shipley J B, 2008. Red snapper, Lutjanus campechanus, food web models on Alabama artificial reefs [D]. USA: Dissertations & Theses - Gradworks, University of South Alabama.

Somerfield P J, Clarke K R, 2013. Inverse analysis in non - parametric multivariate analyses: distinguishing groups of associated species which covary coherently across samples [J]. Journal of Experimental Marine Biology & Ecology, 449: 261 - 273.

Sousa W P, 1979. Experimental investigations of disturbance and ecological succession in a rocky intertidal algal community [J]. Ecological Monographs, 49 (3): 227 - 254.

Steneck R S, Graham M H, Bourque B J, et al, 2002. Kelp forest ecosystems: biodiversity, stability, resilience and future [J]. Environmental conservation, 29 (4): 436 - 459.

Thanner, Sara E, et al, 2006. Development of benthic and fish assemblages on artificial reef materials compared to natural reef assemblages in Miami - Dade County, Florida [J]. Bulletin of Marine Science.

Thimdee W, Deein G, Sangrungruang C, et al, 2004. Analysis of primary food sources and trophic relationships of aquatic animals in a mangrove - fringed estuary, Khung Krabaen Bay (Thailand) using dual stable isotope techniques [J]. Wetlands Ecology and Management, 12 (2): 135 - 144.

Tong Y, X Guo, 2009. Feeding competition between two rockfish *Sebastes schlegeli* and *Hexagrammos otakii* [J]. Journal of Fishery Sciences of China, 16: 541 - 549.

Ulanowicz R E, 1986. Growth and development: ecosystems phenomenology [M]. Florida: Springer - Verlag.

Ulanowicz R E, Puccia C, 1990a. Mixed trophic impacts in Ecosystem [J]. Coenoses, 5: 7 - 16.

Ulanowicz R E, Norden J S, 1990b. Symmetrical overhead in flow networks [J]. International Journal of Systems Science, 21 (2): 429 - 437.

Ushiama S, Smith J A, Suthers I M, et al, 2016. The effects of substratum material and surface orientation on the developing epibenthic community on a designed artificial reef [J]. Biofouling, 32 (9): 1049 1060.

Walters C, Christensen V, Pauly D, 1997. Structuring dynamic models of exploited ecosystems from trophic mass - balance assessments [J]. Reviews in Fish Biology and Fisheries, 7 (2): 139 - 172.

Walters C J, Villy C, Martell S J, et al, 2005. Possible ecosystem impacts of applying MSY policies from single - species assessment [J]. Ices Journal of Marine Science, 62: 558 - 568.

Wang R, Chaolun L I, Wang K E, et al, 1998. Feeding activities of zooplankton in the Bohai Sea [J]. Fisheries Oceanography, 7 (3 - 4): 265 - 271.

Wang Z H, Zhang S Y, Chen Q M, et al, 2015. Fish community ecology in rocky reef habitat of Ma'an Archipelago. Ⅰ. Species composition and diversity [J]. Biodiversity, 20 (1): 41 - 50.

Wang Z H, Chen Y, Zhang S Y, et al, 2015. A comparative study of fish assemblages near aquaculture, artificial and natural habitats [J]. Journal of Ocean University of China, 14: 149 - 160.

Wells R J D, Cowan Jr J H, Fry B, 2008. Feeding ecology of red snapper Lutjanus campechanus in the northern Gulf of Mexico [J]. Marine Ecology Progress Series, 361: 213 - 225.

Wu Z X, Zhang X M, Lozano - Montes H M, et al, 2016. Trophic flows, kelp culture and fisheries in the marine ecosystem of an artificial reef zone in the Yellow Sea [J]. Estuarine Coastal and Shelf Science, 182: 86 - 97.

Wu Z X, Tweedley J R, Loneragan N R, et al, 2019. Artificial reefs can mimic natural habitats for fish and macroinvertebrates in temperate coastal waters of the Yellow Sea. Ecological engineering [J]. 139: 105579 - 105579.

Wu Z X, Zhang X M, Dromard C R, et al, 2019. Partitioning of food resources among three sympatric scorpionfish (Scorpaeniformes) in coastal waters of the northern Yellow Sea [J]. Hydrobiologia, 826 (1) .

Yoon C H. 2002. Fishes of Korea with Pictorial Key and Systematic List [M]. Seoul: Academy Publishing Company.

Zhang B, Li Z, Jin X, 2014. Food composition and prey selectivity of *Sebastes Schlegeli* [J]. Journal of Fishery Sciences of China 21: 134 - 141.

Zhang P, Li C, Li W, et al, 2016. Effect of an escape vent in accordion - shaped traps on the catch and size of Asian paddle crabs Charybdis japonica in an artificial reef area [J]. Chinese Journal of Oceanology and Limnology, 34: 1238 - 1246.

Zhang X X, Wang Z, Tu, et al, 2009. Current status and prospect of fisheries resource enhancement in Shandong Province [J]. China Fisheries Economics, 2: 51 - 58.

Zhang Y, Xu Q, Alós, J, et al, 2015. Short - term fidelity, habitat use and vertical movement behavior of the black rockfish *Sebastes schlegelii* as determined by acoustic telemetry

[J]. Plos One，10：e0134381.
安永义幅，乃万俊文，日向野纯也，1989. 並型人工魚礁における環境変動と魚群生態[J]. 水産工学研究所研究報告，10：1-35.